U0353576

梅兰竹菊谱

（宋）范成大等 著
马吟秋 编著

全国百佳图书出版单位
时代出版传媒股份有限公司
黄 山 书 社

图书在版编目(CIP)数据

梅兰竹菊谱 /（宋）范成大等著；马吟秋编著. — 合肥：黄山书社，2015.7
（古典新读·第1辑，中国古代的生活格调）
ISBN 978-7-5461-5182-3

Ⅰ.①梅… Ⅱ.①范…②马… Ⅲ.①园林植物-观赏园艺-中国-宋代 Ⅳ.①S68

中国版本图书馆CIP数据核字（2015）第175594号

梅兰竹菊谱
MEILANZHUJU PU

（宋）范成大等 著　马吟秋 编著

出 品 人　任耕耘
总 策 划　任耕耘　蒋一谈
执行策划　马 磊　钟 鸣
项目总监　马 磊　高 杨
内容总监　毛白鸽
编辑统筹　张月阳　王 新
责任编辑　金 红
图文编辑　王 屏
装帧设计　李 娜　李 晶
图片统筹　DuTo Time
出版发行　时代出版传媒股份有限公司（http://www.press-mart.com）
　　　　　黄山书社（http://www.hspress.cn）
地址邮编　安徽省合肥市蜀山区翡翠路1118号出版传媒广场7层 230071
印　　刷　安徽联众印刷有限公司
版　　次　2015 年 10 月第 1 版
印　　次　2015 年 10 月第 1 次印刷
开　　本　710mm×875mm 1/32
字　　数　164千
印　　张　6.75
书　　号　ISBN 978-7-5461-5182-3
定　　价　26.00 元

服务热线　0551-63533706
销售热线　0551-63533761
官方直营书店（http://hsssbook.taobao.com）

—前言—

梅、兰、竹、菊并称为四君子，在千年前已经进入中国人的审美视野，并成为文人士大夫借物喻人的精神目标。"有条有梅"、"其臭如兰"、"绿竹猗猗"、"菊有黄华"，在《诗经》《尚书》《周易》等古老的典籍之中，梅、兰、竹、菊都已经展露了自己的优雅身姿，成为影响中国文人人格塑造的重要源头和精神寄托。

《梅兰竹菊谱》一书共含《梅谱》《王氏兰谱》《竹谱》《菊谱》四卷。其中《梅谱》与《菊谱》两卷为南宋范成大所著，《王氏兰谱》一卷由南宋王贵学编著，《竹谱》一卷的作者为南北朝刘宋时期的戴凯之。该书四卷分别详述了这四

种植物的分类标准，以及每一品种区别于其他品种的特点、生长环境、培育方式、名称由来，及与此品种相应的历史、人物、故事、文学等内容。《梅兰竹菊谱》是中国历史上较早的植物分类专著，有着极高的植物学、种植艺术和历史文学方面的价值。

　　本书以精炼通达的注释和解读，配合精美详尽的插图，为读者再现了原书中梅、兰、竹、菊四种植物的特性，并借助原文重点分析了每种植物在中国人审美世界中的独特之处，以期能让更多的读者体会到梅、兰、竹、菊四种植物的精神价值所在。

目录

梅谱

《梅谱》为南宋文人范成大所著。范成大（1126—1193），字致能，号石湖居士，苏州吴县（今江苏苏州）人，南宋著名诗人。他酷爱梅花，是当时赏梅、咏梅、艺梅的名家。范成大在苏州的石湖辟有一座梅园，取名『范村』，在园中专注于梅花品种的搜集整理，并在其67岁时撰成《梅谱》一书。

《梅谱》又称《石湖梅谱》、《范村梅谱》，成书于南宋孝宗淳熙十三年（1186），是我国乃至世界上第一部关于梅花的专著。书中收录了江梅、早梅、钱塘湖早梅、消梅、重叶梅、绿萼梅、绛边绿萼梅、百叶缃梅、红梅、骨里红梅、鸳鸯梅、杏梅等12个梅花品种，每种梅花皆有自序。

序

梅，天下尤物①，无问②智、贤、愚、不肖③，莫敢有异议。学圃之士，必先种梅，且不厌多，他花有无多少，皆不系重轻。余于石湖玉雪坡④，既有梅数百本⑤，比年又于舍南买王氏僦舍⑥七十楹⑦，尽拆除之，治为范村，以其地三分之一与梅。吴下⑧栽梅特盛，其品不一，今始尽得之，随所得为之谱，以遗好事者。

【注释】

①尤物：极为珍贵的物品，最美好、最特殊的事物。

②无问：无论、不管。

③不肖：不才，不贤，不正派，品行不端。

④石湖玉雪坡：范成大石湖别墅中的玉雪坡是一处名胜。南宋时期，石湖玉雪坡、范村和杭州张镃的玉照堂皆因大规模栽种梅花而闻名。

⑤本：量词。指草木的株、棵、丛、撮。

⑥僦舍：租屋或者租赁之房屋。

⑦楹：古代计算房屋的单位，一间为一楹。

⑧吴下：指苏州地区。

【解读】

此篇是《梅谱》的前序，作者开篇第一句——"梅，天下尤物"，指出梅花是天下公认的最美好的事物，无论智者、贤者，还是愚笨不才的人对此都无异议。凡是学习园艺种植的人，都要先学会栽培梅花，而且园中梅花的数量不厌其多，至于其他花卉有无或者栽种多少都无足轻重了。这些话直接表达了范成大对于梅花的钟爱，

范成大像

也反映了南宋时梅花受到的重视和推崇，爱梅已经蔚然成风，文人雅士皆以种梅为风雅之举。

范成大接下来说，他先在石湖玉雪坡种植了数百株梅花，后又在居住的房舍以南买了王氏用来出租的房屋七十间，将其全部拆除，整修为"范村"，将其中三分之一的地方用来种梅。苏州地区种梅之风非常兴盛，梅花品类繁多，如今才终于搜集齐全。他根据搜集所得，撰写了这部梅花的专著，以赠给爱梅之人。

梅花以其曲折多姿的形态和经霜耐寒的习性，自古受到文人的推崇。到了宋代，文人士大夫对梅花的赞美与吟咏达到了前所未有的高度，赋予了梅花各种美好的品格。宋代文人以赏梅咏梅为清雅，以徜徉梅林为风流，故描绘和赞美梅花的诗词数量激增，梅花也逐渐成为文学、绘画中最为常见的题材。南宋词人姜夔的《暗香》、

苏州石湖行春桥（图片提供：微图）

《疏影》是众多咏梅诗词中颇为出色的作品，而这两首词的诞生与范成大有着密切的关系。范成大退休后隐居在苏州石湖别墅。南宋光宗绍熙三年（1191）冬，范成大邀请姜夔到石湖别墅作客。两人相谈甚欢，结为忘年之交。姜夔看到别墅四周种满梅花，于是投主人之雅好，创作了《暗香》、《疏影》两篇词作，被后人誉为咏梅绝唱。

暗香

　　旧时月色，算几番照我，梅边吹笛？唤起玉人，不管清寒与攀摘。何逊而今渐老，都忘却春风词笔。但怪得竹外疏花，香冷入瑶席。

　　江国，正寂寂。叹寄与路遥，夜雪初积。翠尊易泣，红萼无言耿相忆。长记曾携手处，千树压、西湖寒碧。又片片、吹尽也，几时见得？

疏影

苔枝缀玉，有翠禽小小，枝上同宿。客里相逢，篱角黄昏，无言自倚修竹。昭君不惯胡沙远，但暗忆、江南江北。想佩环、月夜归来，化作此花幽独。

犹记深宫旧事，那人正睡里，飞近蛾绿。莫似春风，不管盈盈，早与安排金屋。还教一片随波去，又却怨、玉龙哀曲。等恁时、重觅幽香，已入小窗横幅。

范成大看过词作后大为赞赏，命家中歌女小红演唱，之后还将小红赠予了姜夔。这年除夕，姜夔带着小红离开石湖别墅乘船返回湖州。经过垂虹桥时，正值天降大雪，处处银装素裹。姜夔赋诗道："自作新词韵最娇，小红低唱我吹箫。曲终过尽松陵路，回首烟波十四桥。"留下一段文坛佳话。

《范村梅谱》中所记录的十二种梅花，仅限于吴郡范村种植的梅花，当时梅花的种类实则远不止于此。不过，据当代园艺专家陈俊愉先生考证，谱中的"官城梅"、"古梅"并不是梅的种类名称，因此，《梅谱》实际上记载了十个品种。

梅　谱

江梅。遗核野生，不经栽接①者。又名直脚梅，或谓之野梅。凡山间水滨，荒寒清绝之趣②，皆此本也。花稍小而疏瘦③有韵，香最清，实小而硬。

【注释】

①栽接：栽培、嫁接。
②凡山间水滨，荒寒清绝之趣：好在荒凉冷清的山间水边生长。
③疏瘦：亦作"踈瘦"，消瘦，清瘦。

【解读】

　　首篇记述了江梅，这是一种野生梅花，即文中所说"遗核野生，不经栽接者"。在古代，江梅全是野生，分布广泛，生命力极强，常在"荒寒清绝"之处生长，后来才被移植园中栽培，属于较为原始的栽培类型。晚唐诗人罗邺《梅花》诗写道："繁如瑞雪压枝开，越岭吴溪免用栽。却是五侯家未识，春风不放过江来。"点出了江梅不需

梅花盛开

人工培育，自然生长，生命力旺盛的特性。

　　入宋以后，人们根据花形、果实等特征，将江梅从众多梅花中区别开来。《梅谱》中，范氏以"花稍小而疏瘦有韵，香最清，实小而硬"为江梅品种作了专业性的划分。早在先秦时期，人们就开始栽培梅树，不过目的是取得它的果实——梅子。梅子为当时人们的日常饮食提供了酸味佐料，与盐同等重要。在栽种梅树、加工梅子的过程中，人们开始欣赏梅花的色彩和姿态之美，逐渐着意培育专供观赏的梅花品种。江梅就是从果梅一类中分化而来，所以还保留着会结果实的特性。

　　江梅香气清新淡雅，多被文人墨客垂青吟咏，如清代张锡祚《题美人岁朝图》诗云："和气散林皋，江梅香满屋。"江梅还因"早开报春"的特性而受到赞美，元代诗人张雨的《喜春来·除夜玉山舟中赋》诗写道："江梅的的依茅舍，石漱溅溅漱玉沙。"宋代文学家王十朋的《江梅》一诗更是直抒胸臆："园林尽摇落，冰雪独相宜。预报春消息，花中第一枝。"

早梅。花胜直脚梅。吴中①春晚，二月始烂熳，独此品于冬至前已开，故得早名。钱塘湖上亦有一种，尤开早。余尝重阳日亲折之，有"横枝对菊开"之句。行都②卖花者争先为奇，冬初折未开枝置浴室中，薰蒸③令拆④，强名早梅，终琐碎无香。余顷守⑤桂林，立春梅已过，元夕则尝青子⑥，皆非风土之正⑦。杜子美⑧诗云："梅蕊腊前破，梅花年后多。"惟冬春之交，正是花时耳。

【注释】

①吴中：一般指以吴县为中心的苏州府所领州县，现指苏州市南部一带。

②行都：古代在都城之外所设的供皇帝行驻的城。文中指杭州。

③薰蒸：热气蒸腾。

④令拆：裂开，绽开，这里指催梅开花。

⑤顷守：短时间出任。范成大在静江府（今广西桂林）兼广南西路经略安抚使任上四年。

⑥青子：指梅的果实，又称"青梅"。

⑦风土之正：这里指正常风土下梅花的花期。

⑧杜子美：唐代诗人杜甫（712—770），字子美，自号少陵野老，世称"杜工部""杜少陵"等，有"诗圣"之誉。

【解读】

这一段介绍的是"早梅"。早梅的花要胜过直脚梅。苏州一带的春天来得晚，到二月春花才开得绚丽多彩，唯独这种梅花在冬至之前

早开的腊梅

就开花了，所以得"早梅"之名。钱塘湖也有一种早梅，开花更早，范成大曾在重阳节那天亲手采摘过，还写了"横枝对菊开"的诗句。杭州的卖花人都争着想先得到早梅，所以在初冬就把未开花的梅枝折下来放在浴室中，用热气蒸腾催其开花，勉强称作"早梅"，但这样开出的花却细小而没有香味。作者初任桂林太守时，当地立春时节梅花就已经开过了，到了元宵节就可以品尝梅子了，但这并不是风土正常的状态。杜甫有诗云："梅蕊腊前破，梅花年后多。"冬春之交才是梅花绽放的正常花期。

　　这一段对早梅的介绍突出一个"早"字，"独此品于冬至前已开，故得早名"，指出其得名与花的节令特征密切相关。现在科学界普遍认为，早梅属腊梅的一支，一般需雪后观赏，别名"雪梅"；又因农历十月即开，故名"冬梅"。此种梅花于大雪纷飞之际先于其他诸花绽放，更是启春、与严寒抗争之典范。范成大并未着重渲染早梅，而是别出心裁地论述钱塘早梅于重阳时节就与菊花争芳，导致很多卖花者投机取巧，想方设法使其他品种的梅花提前绽放，强行赋予早梅之名。作者借此例从侧面点出早梅之"早"的特性，另一方面也借卖家挖空心思催梅早开的事例，窥见当时赏梅的风气之盛。

早梅之称于六朝时即已普遍，时人不乏以早梅之名作诗题赋，至唐宋时期几位大家也皆有咏叹早梅的诗句。如许浑《早梅》诗云"素艳雪凝树"，是形容梅花似雪，突出了色淡的特性。张谓的《早梅》诗中也有"不知近水花先发，疑是经冬雪未销"，则是疑梅为雪，又照应了"寒"字，写出了早梅凌寒独开的风姿。柳宗元《早梅》诗云："早梅发高树，迥映楚天碧。朔风飘夜香，繁霜滋晓白。"把早梅昂首怒放生机盎然

《南枝春早图》王冕（元）

的形象展现在读者的眼前。

　　梅花傲立雪中的风骨特性在早梅一品上尤为凸显，因其"早"为其他梅种所不可相较，故范氏及其他文人雅士对早梅钟爱有加，因此早梅成为了《梅谱》所记录的十二品种梅花之一。范氏特意在早梅篇以杜甫诗"梅蕊腊前破，梅花年后多"作为结束语，写出早梅逾冬迎春的时节特征。

> 　　官城梅。吴下圃人以直脚梅择他本花肥实美者接之，花遂敷腴①，实亦佳，可入煎造②。唐人所称官梅，止谓在官府园圃中，非此官城梅也。

【注释】

①敷腴（yú）：本指神采焕发的样子，此处形容花朵茂盛肥大。
②煎造：用火煎熬加工。

【解读】

　　官城梅，是由江苏一带的园艺花匠用直脚梅作砧木，然后再选取花朵丰腴、果实甘美的品种嫁接而成。如此可令花朵饱满，果实口感颇佳，也可煎水熬汤，加工应用。而唐代人所谓的"官梅"是指种植在官家林圃中的梅花，与这里所说的官城梅并非同一种属。

　　本文提到了官城梅的繁殖方式——嫁接，如今这已是繁殖梅花最常用的方法，成活率高，且能大大缩短梅花的开花时间。《梅谱》对此繁殖方法已经有所记载，说明南宋时期嫁接梅花就已经十分盛行。

浙江超山的唐梅

　　位于浙江余杭超山的大明堂院内，相传植于唐开元年间，花开季节梅花万朵，香飘数里，被誉为"超山之宝"。

官城梅选取的实生梅生命力强，故容易成活，且这种方法易于保留嫁接品种的优良特性，因此官城梅能够"花遂敷腴，实亦佳"。

　　不过，当代著名的园艺学家陈俊愉院士提出，文中所说的官城梅并不是一个独立的梅花品种，"因其形状不明确，太笼统，所以不能算作一个固定品种，只能当成花果兼用品种的统称"。

　　　消梅。花与江梅、官城梅相似。其实圆小松脆，多液无滓①。多液则不耐日干，故不入煎造，亦不

宜熟，惟堪青啖②。北梨亦有一种轻松者，名消梨③，
与此同意。

【注释】

①滓：沉淀的杂质，渣滓。

②青啖：生吃。

③消梨：梨的一种，又称"香水梨"、"含消梨"。体大，形圆，
可以入药。

【解读】

　　消梅的花朵与江梅、官城梅的相似，不过果实却比较圆而小，
质地松脆，入口多汁，而且没有渣滓。正因为质地多汁，所以梅子
经不住日晒，也不适合以火煎熬食用，而适宜新鲜生食。北方有种
梨质地松脆，多汁而无渣，叫作"消梨"，与消梅意思相近。

　　关于消梅的栽培历史，有学者根据北宋理学家邵雍写的《东轩
消梅初开劝客酒二首》一诗，推测"其洛阳宅园安乐窝有此品种，
时间至迟在神宗熙宁年间（1068—1077）"。另据宋人王立之在
其《王直方诗话》中提到："消梅，京师有之，不以为贵；因余摘
遗山谷，山谷作数绝，遂名振于长安。"可知消梅大概是在哲宗元
祐年间（1086—1093）闻名汴京的。

　　范成大认为消梅的花与江梅、官城梅的花相似，但据前文记
载，江梅"花小而疏瘦有韵"，官城梅"花遂敷腴"，二者在花的
大小和花形上迥然不同，如果说消梅的花与两者相似，似乎不合情
理。江梅和官城梅都归为白梅一类，三者在颜色上应有共同之处。
南宋诗人曾几在《消梅花》一诗中有"花肌自是冰和雪"之句，除
了赞美消梅冰清玉洁，也暗示了花朵洁白的颜色。

古梅。会稽①最多，四明②、吴兴③亦间有之。其枝樛曲④万状，苍藓鳞皴⑤，封满花身。又有苔须垂于枝间，或长数寸，风至，绿丝飘飘可玩。初谓古木久历风日致然。详考会稽所产，虽小株亦有苔痕，盖别是一种，非必古木。余尝从会稽移植十本，一年后花虽盛发，苔尽剥落殆尽。其自湖之武康⑥所得者，即不变移。风土不相宜，会稽隔一江，湖、苏接壤，故土宜或异同也。凡古梅多苔者，封固花叶之眼，惟罅隙⑦间始能发花。花虽稀，而气之所钟，丰腴妙绝。苔剥落者则花发仍多，与常梅同。去成都二十里有卧梅，偃蹇⑧十余丈，相传唐物也，谓之梅龙，好事者载酒游之。清江酒家有大梅如数间屋，傍枝四垂，周遭可罗坐数十人。任子盐运使买得，作凌风阁临之，因遂进筑大圃，谓之"盘园"。余生平所见梅之奇古者，惟此两处为冠。随笔记之，附古梅后。

【注释】

①会（kuài）稽：古地名，故吴越地，后特指浙江绍兴一带。
②四明：浙江旧宁波府的别称，以境内有四明山得名。
③吴兴：郡名，为浙江省湖州市的古称。

④樛曲：曲折，弯曲。樛，指向下弯曲的树木。

⑤苍藓鳞皴：苍青色的苔藓像鳞片一样密密麻麻。

⑥武康：在今浙江西北部。

⑦罅隙：缝隙，裂痕。

⑧偃蹇：意为高耸。

【解读】

  在这一段中，作者实际记述了两种形态的梅花。前面先用大量篇幅讲述了一种树干生有苔藓的梅树，即所谓"苔梅"。这种梅在会稽地区最多，四明、吴兴两地也间或有之。其树枝盘曲万状，苍翠的苔藓像鳞片一样布满梅树全身，还有苔须垂在树枝间，有的可长至数寸。有风吹来时，苔须绿丝飘飘，十分有趣。作者之前以为古树久经风吹日晒导致如此，后来详细考查了会稽所产的古梅后，发现即使是小株的树也有苔痕，才知道这是一个独特的品种，而不一定是古树。作者曾从会稽移栽了十棵古梅，一年后花虽然开得很盛，苍苔却剥落殆尽了。而那些从湖州武康移植过来的就不会变。这是地方变了，风土不相宜所致。会稽与其只有一江之隔，而湖州和苏州相接，因此土质可能有所差异。大凡多苔藓的古梅，花叶的气孔都被封死，只有在苔藓的缝隙间才能开花，花朵虽然稀少，却都是茂盛美丽的。而那些苔藓剥落的，花开得也多，却与一般梅花相似。

  南宋周密的《武林旧事》中记载，宋高宗赵构品梅时曾说："苔梅有二种，一种出张公洞者，苔藓甚厚，花极香；一种出越上，苔如绿丝长尺余。"将苔梅的两种生长形态描绘得十分清楚。范成大所记的苔梅也在这两种范畴之内。在今天看来，苔梅并非独立品种，主要是由于会稽一带气候潮湿，植物表面容易附着苔藓。当然，囿于当时的地理和交通条件，范氏将"苔梅"独立出来，已经很不容易了。

接下来，范成大又记述了两株真正的古梅，在离成都二十里的地方，有一株卧梅，高耸十余丈，相传是唐代的古树，号称"梅龙"，喜欢的人往往带着酒前去游赏。而清江酒家有一棵大梅树，就像几间房子那么大，四周侧枝低垂，周围可以环坐几十个人。有位姓任的盐运使将其买下后，在旁边建起一座凌风阁，接着又建起园林，称为"盘园"。作者认为自己生平所见过的奇古梅树中，以这两处为最。

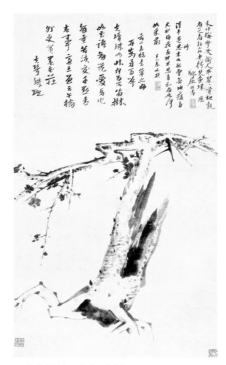

《古梅图轴》朱耷（清）

从梅花分类来讲，古梅一般指梅花的老树形态，不能算作一个独立品种。梅为长寿品种，可达千龄。中国境内有一些历史悠久、广为人知的古梅。其中有代表性的是楚梅、晋梅、隋梅、唐梅和宋梅，有五大古梅之说。其中楚梅在湖北沙市章华寺内，据传为楚灵王所植，如此算来至今已历 2500 余年，可称最古的古梅了。晋梅在湖北黄梅江心寺内，据传为东晋名僧支遁和尚亲手所栽，距今已有 1600 余年，因冬末春初梅开两度，人称"二度梅"（还有说是因其花期历冬春两季而得名），原木已枯，现存为近年后发的新枝。隋梅在浙江天台山国清寺内，相传为佛教天台寺创始人智𫖮大师的弟子灌顶法师所种，距今已有 1300 多年。现在有两棵古梅并称"唐梅"，一在浙江超山大明堂院内，相传种于唐朝开元年间；一在云南昆明黑水祠内，相传为唐开元元年（713）道安和尚手植。宋梅在浙江超山报慈寺，一般梅花都是五瓣，这株宋梅却是六瓣，相当罕见。

重叶梅。花头①甚丰，叶重数层，盛开如小白莲，梅中之奇品。花房独出，而结实多双，尤为瑰异②。极③梅之变，化工无余巧矣，近年方见之。蜀海棠有重叶者，名莲花海棠，为天下第一，可与此梅作对。

【注释】

①花头：花朵。
②瑰异：珍异，奇异。
③极：穷尽。

【解读】

一般来说，梅花品种有单瓣、复瓣、重瓣之分。文中所记重叶梅，属于梅花分类中的玉蝶型。这一类型的梅花主要特征为：花朵是白色蝶形，重瓣或者复瓣，颜色为绛紫或者略带绿底萼。据专家观察，梅花花瓣单瓣数为5或7瓣，复瓣在8至14瓣，重瓣则在15瓣以上。重叶梅的花瓣就应在15瓣以上。范成大夸赞重叶梅花瓣形态的多样性和繁复的层次感，"极梅之变，化工无余巧矣"，表达

白色的玉蝶梅

了自己得之不易的兴奋之情。文末又将蜀中的莲花海棠与重叶梅进行比较，突出了二者"丰腴"、"重叶"、"盛开如小白莲"等方面的特性。

宋代诗人李龙高有《重叶梅》诗云："雪片层层簇玉林，寒窗光炯照人心。春风著物须平等，那得工夫有浅深。"描绘出了雪压梅林的美景，将重叶梅层层叠叠的特性表现出来。南宋诗人辛弃疾也曾题《重叶梅》一诗吟诵此梅："百花头上开，冰雪寒中见。霜月定相知，先识春风面。"着眼于重叶梅不畏风雪、先百花而开放的从容自如。

绿萼梅。凡梅花跗蒂①，皆绛紫色，惟此纯绿，枝梗亦青，特为清高。好事者比之九疑仙人萼绿华②。京师艮岳③有萼绿华堂，其下专植此本，人间亦不多有，为时所贵重。吴下又有一种，萼亦微绿，四边犹浅绛，亦自难得。

【注释】

①跗（fū）蒂：文中指花萼。跗，花萼；蒂，花或瓜果跟枝茎相连的部分。
②萼绿华：古代道教传说中的女仙名，简称萼绿。
③艮岳：北宋时期宋徽宗下令建造的著名宫苑，搜集天下名花奇石于其中，后毁于金人入侵的"靖康之变"。

【解读】

绿萼梅，又名"绿梅"，是较为罕见的品种。范成大指出绿萼梅因"跗蒂纯绿"，与一般梅花绛紫色花萼区别极大，再加之此梅的枝和茎皆呈青绿色而得名。绿萼梅格调清高，后人有"梅格已孤高，绿萼更幽艳"的赞誉，被文人雅士以传说中的女仙萼绿华比之。据道书记载，女仙萼绿华年约二十，长得非常美丽，穿着青色的衣裳。晋穆帝升平三年（359）某夜，她降临在羊权家，从此经常往来，后赠羊权仙药使其成仙。唐代诗人李商隐有《重过圣女祠》诗云："萼绿华来无定所，杜兰香去未移时。"白居易的《霓裳羽衣歌》也说："上元点鬟招萼绿，王母挥袂别飞琼。"这些诗句皆表现萼绿华清丽淡雅的特点，以此来比绿萼梅，也表现出这种梅花冰清玉洁的特质。

北宋徽宗时期建造的著名宫苑艮岳中，有一座萼绿华堂，堂下就专门种植此种绿萼梅花。绿萼梅在当时就很珍贵难得，宋代诗人

绿萼梅（图片提供：微图）

陈著《绿萼梅歌》诗云："君不见宣和艮岳绿萼梅，百花魁中此为魁。"范成大还提到苏州地方珍稀难得的绿萼梅品种：花萼微绿，而四边是浅紫色，更是特别。

百叶缃①梅。亦名黄香梅，亦名千叶香梅。花叶至二十余瓣，心色微黄，花头差②小而繁密，别有一种芳香。比常梅尤秾③美，不结实。

【注释】

①缃（xiāng）：浅黄色。

②差（chā）：比较，稍微。

③秾（nóng）：花木繁盛。

【解读】

百叶缃梅是一种浅黄色的梅花，又叫"黄香梅"、"千叶香梅"。其花复瓣或重瓣多至二十余瓣，花蕊颜色稍黄，花朵较小但花头数量繁多，具有一种特别的芳香。这种梅花比普通梅花更加繁盛美艳，不结果实。

据研究，百叶缃梅属于直枝梅中的一种，开花较迟，花朵一般在花蕾期和含苞待放时为黄色，是一种似黄非黄、似白非白的淡黄，而到了盛开时，花朵几乎为白色。

北宋邵博《闻见居录》卷二九记载："千叶黄梅，洛人殊贵之，其香异于它种，蜀中未识也。近兴、利州山中，樵者薪之以出，有洛人识之，求于其地，尚多，始移种遗喜事者，今西州（巴蜀地区）处处有之。"可见，如果不是洛中名士的喜爱推崇、趋而求取，这种梅花在蜀中估计难逃被砍作薪柴的厄运。缃梅首次花期较迟，甚至在"贪睡独开迟"的红梅之后，所以南宋诗人曾几在《独步小园》中写道："江梅落尽红梅在，百叶缃梅剩欲开。园里无人园外静，暗香引得数蜂来。"既点明了缃梅的开花时间，也凸显其香味清香浓郁却不张扬的品性。清代赵翼也曾在《题岭南物产图》中写道："十月开缃梅，四季霏丹粟。"

从宋代以后，百叶缃梅在我国销声匿迹了近 800 年。二十世纪七八十年代，以研究梅花著称的"梅花院士"陈俊愉先生曾多方寻找，遍访江南，终于在南京梅山发现了色泽淡黄、香味独特的"单瓣黄香"和"南京复黄香"两个品种，成为园艺界的一段佳话。

红梅。粉红色。标格①犹是梅，而繁密则如杏，香亦类杏。诗人有"北人全未识，浑作杏花看"②之句。与江梅同开，红白相映，园林初春绝景也。梅圣俞诗云："认桃无绿叶，辨杏有青枝。"③当时以为著题④。东坡诗云："诗老不知梅格在，更看绿叶与青枝。"⑤盖谓其不韵，为红梅解嘲云。承平时，此花独盛于姑苏，晏元献公⑥始移植西冈圃中。一日，贵游⑦赂园吏，得一枝分接，由是都下有二本。尝与客饮花下，赋诗云："若更开迟三二月，北人应做杏花看。"客曰："公诗固佳，待北俗何浅耶！"晏笑曰："伧父⑧安得不然。"王琪君玉⑨，时守吴郡，闻盗花种事，以诗遗公，曰："馆娃宫⑩北发精神，粉瘦琼寒露蕊新。园吏无端偷折去，凤城⑪从此有双身。"当时罕得如此。比年展转移接，殆不可胜数矣。世传吴下红梅诗甚多，惟方子通⑫一篇绝唱，有"紫府与丹来换骨，春风吹酒上凝脂"之句。

【注释】

①标格：这里指品格、风范。

② "北人全未识"二句：出自北宋文学家王安石《红梅》一诗，多作"北人初未识"，范氏所引稍有出入。

③ "梅圣俞诗云"句：梅圣俞即梅尧臣（1002—1060），字圣俞，北宋著名诗人。梅尧臣爱梅，曾在家乡专植红梅，称红梅为"吾家物"，友人多求取嫁接。不过苏轼在《东坡志林》中指出："若石曼卿《红梅》诗云'认桃无绿叶，辨杏有青枝'，此至陋语，盖村学究体也。"可知此诗句为石延年所写，恐是范成大所记有误。

④ 著题：两宋时期的诗论中较常见的术语，指诗的本文"着落"于诗的标题上之意，主要用在咏物诗上。

⑤ "诗老不知梅格在"二句：出自苏轼《红梅》一诗，其中"诗老"指苏轼的前辈诗人石延年，字曼卿。

⑥ 晏元献公：北宋著名词人晏殊（991—1055），字同叔，元献为其谥号。主要作品有《珠玉词》。

⑦ 贵游：指无官职的王公贵族。亦泛指显贵者。

⑧ 伧父：南北朝时南人讥笑北人的粗鄙用词。后泛指粗俗、鄙贱之人，犹言村夫。

⑨ 王琪君玉：北宋文学家王琪，字君玉，增订刊刻王洙之《杜工部集》于苏州，并撰写《后记》，在序中对杜甫的"博闻稽古"加以肯定。

⑩ 馆娃宫：春秋时期吴王夫差为宠幸西施而兴建的宫室，坐落于江苏苏州的灵岩山上。

⑪ 凤城：京都的美称。

⑫ 方子通：北宋诗人方惟深（1040—1122），字子通，长居长洲（今江苏苏州），工诗赋。

【解读】

本篇主要写红梅。红梅多为粉红色，外表的特征和神韵是梅，但开花的繁密程度和香味都与杏花十分相似。红梅几乎与江梅同时绽放，红白相映，实为园林中绝美的初春景致。

由于红梅与杏花有相近之处，所以自古就有很多人杏梅不分，尤其是北方人更易混淆，这还引来了晏殊和王安石等南方人的嘲笑。王安石就有"北人全未识，浑作杏花看"的诗句。北宋初年的著名文人石延年（字曼卿）曾写道："认桃无绿叶，辨杏有青枝。"意

思是：梅花不能当作桃花看，因为没有桃树的绿叶；也不能当成杏花看，因为它有杏树所没有的青嫩枝条。对这一说法，苏轼提出了质疑，作《红梅》诗说："怕愁贪睡独开迟，自恐冰容不入时。故作小红桃杏色，尚余孤瘦雪霜姿。寒心未肯随春态，酒晕无端上玉肌。诗老不知梅格在，更看绿叶与青枝。"苏轼觉得杏梅或桃梅之辨不应局限于外形上，而应该关注其内在品格。红梅之所以有别于杏或者桃，是由于红梅的神韵具有傲然超群的一面，是艳杏和夭桃不能与之相提并论的，又何须观察绿叶与青枝呢。梅花内在的孤傲高洁是许多诗人的领悟，而红梅外在的自然随和、不故作不凡却是苏轼的独到领悟。

吴中红梅在宋初就已经独领风骚，更因"世传吴下红梅诗甚多"，经文人的吟诵而逐渐为世人所知。北宋"太平宰相"晏殊将这一品种引种到京城，起初是只此一家，后来被游人贿赂了园官偷折一枝之后，才开始慢慢在北方扩散开来。晏殊曾与客人在花下饮酒时赋诗道："若更开迟三二月，北人应作杏花看。"客人道："晏公的诗固然好，但未免将北方习俗说得太肤浅了吧？"晏殊说："粗野村夫怎么能不肤浅呢？"王琪当时正在苏州做郡守，听说了盗折梅花的事，给晏殊写了一首诗说："馆娃宫北发精神，粉瘦琼寒露蕊新。园吏无端偷折去，凤城从此有双身。"红梅起初罕见难得，后经辗转嫁接，很快就多得数不清了。世间流传的歌咏苏州红梅的诗歌很多，范成大认为只有方子通的一首堪称绝唱："紫府与丹来换骨，春风吹酒上凝脂。"据说这首诗吟咏的是红梅中的珍品——骨里红。此花花萼为绛紫色，花朵重瓣，呈红色，气味极香。

红梅也深得文人墨客的喜爱，曹雪芹《红楼梦》第四十九回《琉璃世界白雪红梅》和第五十回《芦雪庵争联即景诗》皆以红梅为题，将红梅的出尘脱俗描写得淋漓尽致。

鸳鸯梅。多叶红梅也。花轻盈，重叶数层。
凡双果必并蒂，惟此一蒂而结双梅，亦尤物。

【解读】

鸳鸯梅是一种多叶的红梅。花朵纤柔轻盈，有多层花瓣。鸳鸯梅，顾名思义，凡是结出双果必定花蒂相连。因只有这种梅花是一个蒂结出双果的，可谓世间罕见的珍品。

有学者指出，梅花一花双果的现象，是因其有两个发达的雌蕊，受粉后各自结实；而并花双果的现象是因为一个芽节上并生两花，后各结一果，每果又各含一蒂，即为并蒂双花。宋代的鸳鸯梅为一蒂双果，到了元、明两代，鸳鸯梅则指的是并蒂双果之梅。范成大说"凡双果必并蒂"，既可以认为是指其他种类的花，也可以认为当时并蒂双果的鸳鸯梅是比较常见的。不过到了后世，一蒂双果的鸳鸯梅却再也见不到了。

元代散曲家冯子振《鸳鸯梅》诗云："并蒂连枝朵朵双，偏宜照影傍寒塘。只愁画角惊吹散，片影分飞最可伤。"这首诗对鸳鸯梅成双成对的特性作了鲜明刻画。

杏梅。花比红梅色微淡，结实甚匾①，有斓斑②色，全似杏，味不及红梅。

①匾：同"扁"，不圆。
②斓斑：色彩绚丽多彩。

【解读】

    杏梅的花朵比红梅的颜色稍淡一些，所结的果实很扁，而且颜色不一，更接近于杏，但味道不及红梅的果实。

    杏与梅同属蔷薇科，杏梅应是杏或山杏与梅的天然杂交品种，因此兼有杏与梅两种花的性状。成书于清康熙年间的园艺学专著《花镜》中说："杏梅花色淡红，时扁而斑，其味如杏。"杏梅自身似乎不能引文人墨客驻足一观，唯一可提之处是其果实，但远不如其他梅种受人追捧。

    其实，杏梅也有自己的优势。与其他品种的梅花相比，杏梅生长强健，病虫害较少，特别是抗寒能力较强，能在北方平安过冬，所以是北方建立梅园的首选品种。

    腊梅。本非梅类，以其与梅同时，香又相近，色酷似蜜脾①，故名腊梅。凡三种：以子种出，不经接，花小，香淡，其品最下，俗谓之狗蝇梅；经接，花疏，虽盛开，花常半含，名磬口梅，言似僧磬②之口也；最先开，色深黄，如紫檀，花密香秾，名檀香梅，此品最佳。腊梅香极清芳，殆过梅香，初不以形状贵也，故难题咏，山谷③、简斋④但作五言小诗而已。此花多宿叶⑤，结实如垂铃，尖长寸余，又如大桃奴⑥，子在其中。

【注释】

①蜜脾：蜜蜂营造的酿蜜的房，其形如脾，故称。

②僧磬：佛寺中敲击以集僧众的鸣器或钵形铜乐器。

③山谷：宋代著名文学家、书法家黄庭坚（1045—1105），字鲁直，号山谷道人，世称"黄山谷"。

④简斋：陈与义（1090—1138），字去非，号简斋，是北宋末、南宋初年的杰出诗人，也工于填词。

⑤宿叶：老旧的花瓣。腊梅花期很长，从当年11月直到次年3月。

⑥桃奴：桃由于授粉受精不良等原因而自落的幼果。

【解读】

腊梅，又称"蜡梅"，是蜡梅科蜡梅属的落叶灌木，而梅花是蔷薇科植物，二者由于同在寒冬腊月或早春时开花，且花形、花香都很近似，所以常被人们误认为是同种。腊梅最早被称为"黄梅"，北宋初年所编撰的大型类书《太平御览》记载，南朝宋武帝刘裕的女儿寿阳公主发明的梅花妆，就是因殿前的黄梅花朵被风吹落，粘在公主的额上所致。梅花妆从剪梅花贴于额头，发展到在额上画一圆点或多瓣梅花，再到用很薄的金箔剪成花瓣形状贴在额上或者面颊上，这种妆饰方法一直到唐五代都非常流行。

作者在本文中提到，腊梅原不属于梅花之列，只因与梅花花期相近，香味类似，且颜色像蜂房的蜡黄，因而得名腊梅。唐代诗人

山禽矜逸态
梅粉弄轻柔

宣和殿御製并書

梅谱

李商隐称腊梅为寒梅，有"知访寒梅过野塘"的诗句。元末陶宗仪编《说郛》卷三十一《姚氏残语》中，将腊梅称为寒客。

范氏认为腊梅总共有三个品种，第一种是种子长成且没有经过嫁接的，花小香味淡，品质不佳，俗称"狗蝇梅"；第二种是经过嫁接，花朵稀少，即使盛开之时也是半含半露，称为"磬口梅"，指其形状如寺庙铜磬的缘口；第三种梅开花较早，颜色深黄，像紫檀花的颜色，且香味浓郁，被称为檀香梅，这是腊梅中的上品。

范成大认为，由于这种梅花并不以外形著称，很难得到文人墨客的关注，因此题咏较少，著名诗人黄庭坚、陈与义也只写了五言小诗吟咏。黄庭坚的《戏咏腊梅》诗写道："金蓓锁春寒，恼人香未展。虽无桃李颜，风味极不浅。"陈与义诗云："花房小如许，铜剪黄金涂。中有万斛香，与君细细输。"两诗都有称赞腊梅虽外表平凡但香气怡人的意思。其实，南宋诗人吟咏腊梅的诗并不少，黄庭坚本人除了这首五言诗，还有多首七言诗也是以腊梅为题的。

据现代科学研究，腊梅品种可分为四类，最名贵的是素心腊梅，花色纯黄，有浓香。次为磬口腊梅，外轮花被黄色，内轮黄色上有紫色条纹，香味浓郁。再就是小花腊梅，花朵极小，外层花被黄白色，内层有红紫色条纹，香气也颇浓郁。最次是狗爪腊梅。除了小花腊梅，其他三种与范成大的总结大致可以一一对应。

后　序

梅以韵胜，以格高，故以横斜疏瘦与老枝怪奇者为贵。其新接稚①木，一岁抽嫩枝直上，或三四尺，如酴醾②、蔷薇辈者，吴下谓之气条③。此直宜取实规利④，无所谓韵与格矣。又有一种粪壤力胜者，于条上苗⑤短横枝，状如棘针，花密缀之，亦非高品。近世始画墨梅，江西有杨补之⑥者尤有名，其徒仿之者实繁。观杨氏画，大略皆气条耳。虽笔法奇峭，去梅实远。惟廉宣仲⑦所作，差⑧有风致，世鲜有评之者，余故附之谱后。

【注释】

①稚：年幼的。

②酴醾：亦作"酴釄""酴醿""荼蘼"。落叶或半常绿蔓生灌木，

花为白色，花枝茂密，花繁香浓，宜作绿篱。

③气条：园艺学上称之为"徒长枝"，指植物只长茎秆而不开花或者无果的情况。

④取实规利：指追求实用和功利。规利，谋求利益。

⑤茁：草木初生出来壮盛的样子。

⑥杨补之：宋代著名画家杨无咎（1097—1171），字补之，自名村梅，又号逃禅老人或清夷长者。因其自称为西汉文学家扬雄后裔，故"杨"多作"扬"。尤擅画梅，开墨梅之先河。

⑦廉宣仲：廉布，宋代画家，字宣仲，号射泽老农。善画山水，尤工枯木丛竹、奇石松柏。

⑧差：略微，大概。

【解读】

　　范成大在文中讲，梅花以韵味取胜，以风格见长，故而人们都以外形横斜疏瘦、老枝怪奇的品种为贵。至于新嫁接的幼嫩小枝，一年可以笔直地向上抽发嫩梢达到三四尺，很像酴醾、蔷薇一类的植物，苏州一带称为"气条"，这些都谈不上有什么韵味和风格。又有一种借着粪肥和土壤催长起来的梅花，在枝上长出短而横的小侧枝，形状像荆棘芒刺，上面密密地生着些小花，也称不上是高贵品种。近年来才开始有人画墨梅。江西有位杨补之，特别有名，许多人拜他为师，跟他学画墨梅。但依我看，他画的墨梅大多都是徒长的气条而已。其笔法虽然雄健，但与真正的梅花品格还相差很远。只有宋代画家廉布所画的梅花还有点风格韵致。只不过世间很少有人品论画梅这件事，所以专门谈一下，附在正文之后。

　　据画史记载，画梅至晚始于南北朝，到北宋时蔚为风气。据元朝画家王冕《竹斋集》记载，在北宋哲宗时画梅比较有名的是僧人仲仁和尚。这位老僧酷爱梅花，在其居住的屋边种植了数株梅花，每当梅花盛开时，他甚至还会将自己的床移置于梅树之下，

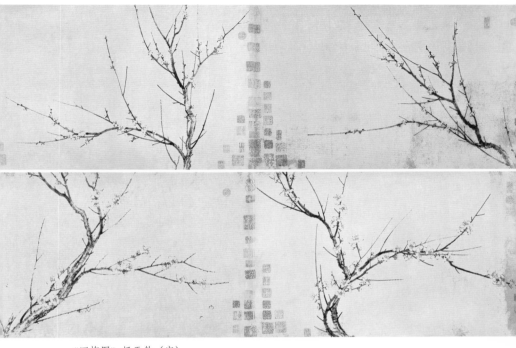

《四梅图》扬无咎（宋）

吟咏终日。就是这位痴于梅花的老僧初造了"墨梅"这一独特画法，所画的梅花不赋颜色，仅用水墨的浓淡深浅来表现。据说在一个月明星稀的夜晚，仲仁和尚就寝前不经意间看见窗外梅花的影子照在纸窗上，疏影横斜，十分可爱。于是他拿起毛笔在纸上模拟梅花的影子画起来，横竖点染，不一会儿便将这窗上的梅影勾勒了出来，于是便创造出了这种仅用水墨晕染而成的墨梅。北宋大书法家黄庭坚曾赞叹仲仁和尚的墨梅"如嫩寒清晓行孤山篱落间，但只欠香耳"——除了闻不到梅花的香气，这简直就是活生生的梅花啊。

扬无咎的双勾法就是在仲仁和尚的基础上发展出来的，被人誉为"墨梅擅天下，身后寸纸千金"。扬无咎年轻时居住的地方有一棵"大如数间屋"的老梅树，苍皮藓斑，繁花如簇。他经常对着梅树临画写生，大得梅花真趣。据说扬无咎曾将自己的梅花图进献朝廷，却得不到赏识，还被当时的徽宗皇帝斥为"村梅"。后来他干脆在自己的画上题以"奉敕村梅"的字样，用以自嘲。南宋绍兴年间，朝廷曾多次请扬无咎出来做官，他坚辞不就，但画名却不胫而走。据说，扬无咎曾乘兴在临江一家倡馆的墙壁上画了一幅折枝梅，吸引了不少往来的文人，倡馆一时生意兴隆。但后来这块画了折枝梅的屋壁居然被人窃走，这家倡馆顿时门庭冷落。扬无咎画的梅花纯洁高雅、野趣盎然，朴素而有雅韵，享有"冷蕊缀疏枝，元气自融结"的赞誉。他的名作《四梅图》写梅花未开、欲开、盛开、将残四种状态，将梅花由盛而衰的过程表现得淋漓尽致。

不过，范成大对扬无咎画的梅花并不欣赏，认为其用笔虽好，但画的多是气条，与他心目中的梅花韵味相去甚远。而廉布所画的梅花，虽然不为世人传颂，范成大却认为大致具备梅花的风致，还将其画附在此谱之后。其实从国画史上来说，扬无咎的画梅法是得到更高评价的。廉布的画作成就多在于枯木竹石，画梅只是文人间的酬唱性质，只是其笔法清致不俗、种种飘逸，或者更符合范成大心目中梅的风致。

王氏兰谱

《王氏兰谱》，成书于南宋淳祐七年（1247）。作者王贵学（生卒不详），字进叔，漳州龙溪（今属福建龙海）人。

根据本书序文可知，他大约生活在南宋宁宗、理宗时期。

南宋理宗绍定六年（1233），出身赵宋宗室的赵时庚撰成《金漳兰谱》，记述兰花名品32种，这是我国及世界上第一部记述兰花的专著。王贵学的《王氏兰谱》比《金漳兰谱》成书晚14年。比较两部兰谱，《王氏兰谱》记述更详，水平略高，曾有古人评其『较赵氏金漳兰谱更可贵』。今所见《王氏兰谱》有两个版本，两版共记述名兰43品，介绍了兰花定品原则、栽培及施肥浇水方法等，将宋人对兰花的研究推向了新的高峰。

序

　　窗前有草①，濂溪周先生②盖达③其生意④，是格物⑤而非玩物。予及友龙江王进叔⑥，整暇⑦于六籍⑧书史之余，品藻⑨百物，封植⑩兰蕙⑪，设客难⑫而主其谱。撷英⑬于干叶香色之殊⑭，得韵于耳目口鼻之表，非体兰之生意不能也。所禀⑮既异，所养又充。进叔资学⑯亦如斯兰，野而岩谷，家而庭阶，国有台省⑰，随所置之，其房无敚⑱。夫草可以会仁意，兰岂一草云乎哉？君子养德，于是乎在。淳祐⑲丁未孟春⑳戊戌蒲阳㉑叶大有㉒序。

【注释】

①窗前有草：据《二程遗书》记载，周敦颐家窗前长满了青草，有人问他为何不剪除，他答道："与自家意思一般。"意思是说野草的生机与自己心中的生意一样。

②濂溪周先生：周敦颐（1017—1073），字茂叔，北宋理学家，宋明理学创始人。晚年移居江西庐山莲花峰下，峰前有溪水，遂取营道旧居濂溪名之，世称濂溪先生。

③达：明白，懂得。

④生意：生机，这里指世间万物和谐生存的意义。

⑤格物：穷究事物的道理。

⑥龙江王进叔：即王贵学，字进叔。龙江即九龙江，流经王贵学家乡龙溪县（今福建龙海）。

⑦整暇：严谨而从容。整：有秩序。暇：空闲。

⑧六籍：即六经，指《诗》《书》《礼》《乐》《易》《春秋》六部儒家经典，也称为六艺。

⑨品藻：品评，鉴定。

⑩封植：亦作"封埴"，壅土培育。

⑪蕙：香草名。一指蕙草，俗称"佩兰"；一指兰蕙，与兰相似而香味略逊。

⑫设客难：假设客人向自己诘问而进行答辩，以发表自己的观点看法。

⑬撷（xié）英：采择精华，也指收集。

⑭殊：不同。

⑮禀：生成的。

⑯资学：资质与才学。

⑰台省：唐高宗时以尚书省为中台，门下省为东台，中书省为西台，总称为"台省"。后多以台省指称朝廷中央机构。

⑱无斁：不厌恶、不厌弃。

⑲淳祐：宋理宗赵昀的第五个年号，即1241—1252年。

⑳孟春：春季的第一个月。

㉑蒲阳：即莆阳，今福建莆田。

㉒叶大有：字谦夫，一字谦之，名相叶颙从曾孙，累官至侍御史、右谏议大夫、宝章阁直学士。

【解读】

这篇序文为叶大有为王贵学的《兰谱》所作。叶大有是宋真宗年间的进士，作者王贵学的好友。在《兰谱》的序中，叶大有开门见山，以周敦颐从窗前青草中体会出"生意"的典故作为铺垫，说明自己和本书作者王贵学一样，赏兰、爱兰、植兰，并非将其视作普通玩物，而是崇尚兰花的高贵品格。这是作者在研读经史典籍的闲暇时间培植兰蕙，设想如果有人问及此事应该怎样回答，故编写了这部《兰谱》。王贵学辨别兰花在茎干、叶片、花香、颜色等方面的差异，通过耳目口鼻等感官去体会种植兰花的情趣，领悟兰花生长的内在意义。兰花本就禀赋奇特，只有得到充分的照顾，才能开得茂盛。王贵学的天赋与才学也像兰花一样，在野外、在家中、在朝廷都能与环境相适。君子培养自己的品德，和养兰的道理是一致的。

早在 2000 多年前的春秋时代，儒家学说创始人、大思想家孔子一行人由卫国返回鲁国，中途经过隐谷，突然闻到阵阵清香。孔子循香寻去，发现山谷中的草丛里盛开着一大片兰花。孔子当场叹道："夫兰为王者香，今乃独茂，与众草为伍，譬贤者不逢时，鄙夫为伦也。"（兰本应是王者所佩的香草，而今却在这幽谷中独自繁茂，与杂草为伍，就好比贤良的人生不逢时，却和粗鄙的人一起被埋没了。）孔子还下车弹奏一曲幽怨悱恻的传世佳曲——《猗兰操》，抒发了自己怀才不遇的心境。

孔子不但欣赏兰的美与芳，更佩服兰的志与节，还曾说："芝兰生于森林，不以无人而不芳。君子修道立德，不为穷困而改节。"将兰喻为君子，孔子是第一人，奠定了兰文化的内涵基础。

战国时期，楚国诗人屈原曾因直言进谏而遭到猜忌，被放逐在湖南一带。在流放的途中，屈原

《屈原像》任熊（清）

《墨兰图》赵孟坚（宋）

写下了不朽诗篇《离骚》。诗中歌颂了兰花之美，把它当做崇高与圣洁的象征，如"余滋兰九畹，树蕙百亩兮"，"浴兰汤兮沐芳，纫秋兰以为佩"，"时暧暧其将罢兮，结幽兰而延伫"。他还经常佩戴兰花，以示洁身自好，决不与小人同流合污。他一生爱兰、颂兰，将兰作为一种寄托、一种象征、一种精神与品格的追求。

兰花的品格得到人们的喜爱，兰花也逐渐从山野之中移居到人们的家中。古人把养兰花称为"艺兰"，人们养兰、观兰、闻兰，与兰花朝夕相处，正是为了陶冶性情，学习兰花高洁的君子品格。

万物皆天地委形①。其物之形而秀者，又天地之委和也。和气②所钟③，为圣为贤，为景星④，为凤凰，为芝草⑤，草有兰亦然。世称"三友"⑥，挺挺⑦花卉中，竹有节而啬⑧花，梅有花而啬叶，松有叶而啬香，惟兰独并有之。兰，君子也。餐霞饮露⑨，孤竹⑩之清标⑪；劲柯⑫端⑬茎，汾阳⑭之清节；清香淑质⑮，灵均⑯之洁操。韵而幽，妍而淡，曾不与西施、何郎⑰等伍⑱，以天地和气委之也。

予嗜焉成癖，志儿⑲之暇，具于心，服⑳于身，复于声誉之间，搜求五十品，随其性而植之。客有谓予曰："此身本无物，子何取以自累？"予应之曰："天壤间万物皆寄尔。耳，声之寄；目，色之寄；鼻，臭㉑之寄；口，味之寄。有耳目口鼻而欲绝夫声色臭味，则天地万物将无所寓其寄矣。若总其所以寄我者而为我有，又安知其不我累耶？"客曰："然。"遂谱之。淳祐丁未龙江王贵学进叔敬书。

【注释】

①委形：赋予形体。

②和气：古人认为天地间阴阳二气交合而成"和气"，宇宙万物就由"和气"而生。后引申为一种祥瑞之气。

③钟：集中，聚集。

④景星：天上星宿之一，为德星，古人认为是吉祥之兆。

⑤芝草：多孔菌类植物，俗称"灵芝草"，古以为瑞草，服之能成仙。

⑥三友：指松、竹、梅，世称"岁寒三友"。

⑦挺挺：形容树木挺拔。

⑧啬：小气，吝啬。这里有欠缺之意。

⑨餐霞饮露：餐食日霞，渴饮露水，形容兰花超凡脱俗的品性。

⑩孤竹：指殷商时期孤竹国国君的两个儿子伯夷、叔齐。周武王伐纣时，二人曾极力劝阻。殷商灭亡后，二人隐居首阳山，不食周粟，采薇而食，最后饿死山中。后世将其当做有操守的典范。

《采薇图》李唐（宋）

⑪清标：清高，高尚的节操。

⑫柯：草木的茎。

⑬端：端正，不歪斜。

⑭汾阳：指籍贯山西汾阳的春秋时晋国贤臣介子推。他早年随晋国公子重耳流亡，曾经"割股奉君"。重耳回国当上国君后，介子推不愿做官，隐居绵山，晋文公访求不得，放火烧山，介子推抱树而死，深受后世人敬仰。

⑮淑质：美好的资质。

⑯灵均：战国时楚国的诗人、文学家屈原（约前340—约前278），字灵均。

⑰何郎：三国时期曹魏的名士何晏（？—249），因其仪容俊美，面部皮肤白皙，犹如傅粉，人称"傅粉何郎"。后即以"何郎"称喜欢修饰或面目姣好的青年男子。

⑱等伍：相同，意为与……为伍。

⑲志几：应是"志学"的误写，意为有志于学业。

⑳服：信服，顺从，这里指对兰花衷心喜爱。

㉑臭（xiù）：气味的总称。

【解读】

　　这篇是作者王贵学所写的自序。叶大有在前序中已经言简意赅

《岁寒三友图》赵孟坚（南宋）

地点出了兰花拥有君子般的品性，王贵学则在这篇自序中深刻阐述了兰花所蕴含的文化内涵。

　　大自然有一种中和之气，当它汇聚于某个事物上时，便会生发美好的情景。据说，和气所钟，于人便成为圣人、贤人，于星便成为景星，于禽便成为凤凰，于花卉便成为兰花、芝草。松、竹、梅虽然被人称作"岁寒三友"，但是竹子有节却少花，梅有花却少叶，松有叶而无香，只有兰花是花、叶、香三者兼备。兰花是花中的君子，餐霞饮露，具备伯夷、叔齐的清高品格；枝茎端正，具有介子推的高洁情操；清香而俊美，有着屈原的坚贞节操。兰花幽雅而富有韵致，秀丽却气质淡雅，不屑与西施、何郎一类人为伍，正因它是天地和气所生。

　　作者爱兰成癖，在治学之余倾心于栽培兰花，搜集到各地名兰 50 种，按照各自的习性来培养它们。有朋友问他："人生来本没有外物的牵挂烦恼，你为何要用兰花来牵绊自己呢？"他回答道："天地万物都是有所寄托的，耳朵是声音的寄托，眼睛是一切物象的寄托，鼻子是一切气味的寄托，嘴巴是一切味道的寄托。人生来就有耳目口鼻这些器官，如果偏要断绝声色气味的感知，那天地万物有什么地方可以寄托呢？如果把这些寄托化为我生活的一部分，就不会成为我的牵累了。"

　　兰花历来也被作为高尚人格的象征，和梅、竹、菊并称"四君子"。古代文人用"唯奇卉之灵德"来夸赞兰花，就是指兰花拥有十分完美的品德。王贵学本人有极为丰富的种兰经验，熟悉兰花的习性，所以能将养兰和赏兰很好地结合起来。文中用了几个历史典故来赞誉兰的高贵品性。故事之一以孤竹赞誉叔齐、伯夷的清高品质。据历史记载：孤竹国国君临终欲立小儿子叔齐为君，可叔齐却欲让位给长兄伯夷。伯夷不愿违背父亲的遗愿，于是离开孤竹国。叔齐亦不肯继承君位，遂远离国土。孤竹国国民只好立他们的另一个兄弟为国君。伯夷、叔齐听说西伯侯姬昌敬养老人，欲投奔西伯侯。可等他们辗转到达西岐时，西伯侯已经去世。他的儿子武王用车载着灵牌，向东进发，讨伐纣王。伯夷、叔齐劝阻说："父亲死了尚未安葬，便大动干戈能否说得上孝呢？臣子弑君，能否说得上是仁呢？"武王平定殷乱以后，天下归顺于周朝，而伯夷、叔齐却以此为耻，坚持大义不吃周朝的粮食，并隐居于首阳山，采集薇蕨来充饥，最后饿死在首阳山。

　　故事之二是以汾阳暗喻介子推的高贵气节。传闻早年重耳出逃时，先遭父亲献公追杀，后遇兄弟晋惠公追杀。重耳经常食不果腹、衣不蔽体。据《韩诗外传》中所述，有一年重耳逃到卫国，一个叫作头须（一作里凫须）的随从偷光了重耳的资粮，逃入深山。重耳无粮，饥饿难忍。为了让重耳活命，介子推到山沟里，把腿上的肉割了一块，与采摘来的野菜同煮成汤给重耳吃。当重耳后来知

《晋国公复国图》【局部】李唐（宋）

道吃的是介子推腿上的肉时，大受感动，声称有朝一日做了君王，定将报答介子推。十九年的逃亡生涯结束后，重耳由逃亡者变成了晋国国君，就是晋文公。晋文公封赏那些跟随自己流亡的功臣，却唯独忘了介子推。介子推也认为自己并无功劳，于是辞官回乡，带着老母隐居绵山，成了一名不食君禄的隐士。晋文公后悔自己忘恩负义，亲带人马前往绵山寻访。谁知绵山蜿蜒数十里，无处可寻。晋文公遍寻不着又求人心切，听信了小人之言，下令三面烧山。后来有人在一棵枯柳树下发现了介子推母子抱在一起的尸骨，晋文公悲痛万分，改绵山为介山，以警戒自己犯下的过错。

　　文中赞誉兰花餐食日霞、渴饮露水，堪比伯夷、叔齐的高贵品格；茎秆端正劲直，可比介子推的坚贞节操。用上述两个故事来赞誉兰花的高贵品质，可谓贴切。同时兰花又清香而资质俊美，正与屈原"众人皆浊我独清"相契合。兰花既有情韵而又不失优雅，秀丽却又朴实，不若西施容颜惊人，亦不若何郎行步顾影、华而不实。

品第之等

涪翁①曰："楚人滋②兰九畹③，植蕙百亩。兰少故贵，蕙多故贱。"予按：《本草》④："薰草，亦名蕙草，叶曰蕙，根曰薰。"十二亩为畹，百亩自是相等。若以一干数花而蕙贱之，非也。今均目⑤曰兰。

天下深山穷谷⑥，非无幽兰。生于漳⑦者，既盛且馥⑧，其色有深紫、淡紫、真红⑨、淡红、黄白、碧绿、鱼魫⑩、金钱之异。就中品第，紫兰：陈为甲，吴、潘次之，如赵，如何，如大小张、淳监粮、赵长泰⑪ 峡州邑名⑫，紫兰景初以下又其次，而金稜边为紫袍奇品。白兰：灶山为甲，施花、惠知客次之，如李，如马，如郑，如济老、十九蕊⑬、黄八兄、周染以下又其次，而鱼魫兰为白花奇品。其本不同如此，或得其人，或得其名，其所产之异，其名又不同如此。

一茎多花的蕙兰（图片提供：微图）

【注释】

①涪（fú）翁：北宋诗人黄庭坚（1045—1105），字鲁直，自号山谷道人，晚号涪翁。

②滋：生长，这里指培育。

③畹（wǎn）：古代土地面积单位。一说三十亩为一畹，一说十二亩为一畹，作者倾向于后者。

④《本草》：原指《神农本草经》，但是现存版本中并无此句。因历代皆修订《本草》，故不能确指，此处泛指中医药典籍。

⑤目：看作，被视为。

⑥穷谷：深谷，幽谷。

⑦漳：漳州郡，即今福建漳州，其治所就是作者的家乡龙溪。

⑧馥（fù）：香气，或作动词，意为散发香气。

⑨真红：一种偏深的绯红色。

⑩鱼魫（shěn）：原指鱼脑骨，可做装饰品，此处指香草名，为建兰的一种，颜色类似于灰白色。

⑪泰：宛委山堂本《说郛》作"秦"，涵芬楼本《说郛》亦作"秦"，下文多处"长泰"皆作"长秦"，秦字应为泰字的讹误。

⑫峡州邑名："峡州邑名"四字小于正文字体，为后世注文，不知
　出自何处。
⑬十九蕊：后文作"九十蕊"。《广群芳谱》亦作"九十蕊"。

【解读】

　　本段开头引用了北宋诗人黄庭坚对于兰、蕙之分的说法："楚
人培育了九畹兰花，又种了百亩蕙草。兰花种得少，因而珍贵，蕙
的种植较多，所以受到轻视。"而据作者考证，《本草》上记载：
"蕙草也叫蕙草，叶子叫蕙，根部叫薰。"十二亩是一畹，那么九
畹和一百亩面积差不多，如果以一茎开数朵花的为蕙草，从而轻视
它，就是错误的。如今，蕙和兰都被看作是兰了。

　　传说黄庭坚自幼受家乡修水遍地兰香的熏陶，一生爱兰、艺兰，
与兰花结下不解之缘。他谪居涪州（治所在今重庆市涪陵区）期间种
了许多兰蕙，终日以兰为伴，并且留下名句："士之才德盖一国，则
曰国士；女之色盖一国，则曰国色；兰之香盖一国，则曰国香。"
将兰花置于"国香"的崇高地位。

　　早在战国时期，人们就认识到兰和蕙是两种不同的花卉，而两
者如何区分，古人也没有提出切实可行的标准。黄庭坚还最先提出
了对兰、蕙的最直观的分类法："一干一华而香有余者，兰；一干
五、七华而香不足者，蕙。"他对于兰蕙的辨别主要从单枝开花数
量和花香程度进行区分。这个论断得到后人的普遍认可。不过当代
的兰花研究者根据实际观察发现，兰花中的春兰既有一茎单花也有
一茎多花的，而建兰以一茎多花为多，其他的如报岁兰、寒兰、夏
蕙则多是一茎多花。可见黄庭坚的论断并不严谨。如今，蕙兰已经
成为兰花家族中的重要成员，兰蕙之分也很少有人提及了。

　　后一段讲的是兰花品第的评定。兰花颜色有深紫、淡紫、正
红、浅红、黄白、碧绿、鱼鲩、金钱等差别。要论品第高下，紫兰

之中，以"陈梦良"为最好；"吴兰""潘花"次之，像是"赵十使""何兰""大小张青""淳监粮""赵长泰"这些品种都属于这一等；"许景初"以下的又差一等。而"金稜边"则是紫兰中的奇品。

而在白兰之中，以"灶山"最好；"施兰""惠知客"次一等，比如"李通判""马大同""郑兰""济老""仙霞九十蕊""黄八兄"这些品种都属于这一

优雅的建兰（图片提供：FOTOE）

等；"周染"以下又差一等。而鱼魧兰是白兰中的奇品。

将兰花分为紫兰和白兰两大类，这个分类方法最早见于南宋赵时庚的《金漳兰谱》。紫兰主要指花色带有红紫的兰花，白兰则指花色为黄、白、绿等色的兰花。尽管宋人种兰、爱兰进入了全盛时期，但是赏兰的理论尚未成熟，对于兰花品第高下的评定标准也不是十分统一和严格。按照《金漳兰谱》中的说法，要从花的姿态神韵来品鉴，赏兰的"淡然之性"，是"眼力所至"，只能意会和体悟，是无法言传的。

说到兰花的命名，作者提到，除了兰花品种不同之外，有人根据兰花的种植者来命名，有人根据兰花的形态来命名，也有根据产地来命名的，因此兰花的名称有着很大的差异。可惜的是，文中所列的二十几个兰花品种，除了鱼魧兰以外，大都已经失传了。

灌溉之候

涪翁曰："兰蕙丛生，莳①以沙石则茂，沃②以汤茗③则芳。"④予于诸兰，非爱之大，悉使之硕而茂，密而蕃⑤，莳沃以时⑥而已。一阳生⑦于子，根荄⑧正稚，受肥尚浅，其浇宜薄。南薰⑨时来，沙土正渍，嚼⑩肥滋多⑪，其浇宜厚。秋七八月预防冰霜，又以濯鱼肉水或秽腐水⑫，停久反清，然后浇之。人力所至，盖不萌者寡矣。

【注释】

①莳（shì）：移植、栽种。

②沃：灌溉、浇水。

③汤茗：茶水。兰生长需酸性土，但茶水呈碱性，不宜浇兰。故文中所说的汤茗应当指绿色肥料。

④"涪翁曰"句：出自黄庭坚《书幽芳亭记》。

⑤蕃（fán）：茂盛。

《花鸟图册之兰花》郎世宁（清）

⑥莳沃以时：按照自然节令的规律来栽种和灌溉。

⑦一阳生：指冬至。因冬至后白天渐长，古人认为是阳气初动，故称"一阳生"。

⑧根荄（gāi）：草根。

⑨南薰：和煦的南风。传说虞舜弹五弦琴，造《南风》诗，诗中有"南风之薰兮，可以解吾民之愠兮"之句。

⑩嚼：文中指吸收。

⑪滋多：增多。

⑫秽腐水：腐败变质的臭水。

【解读】

黄庭坚在《书幽芳亭记》中记述："兰蕙多为聚丛生长，若以沙石栽种则会比较繁茂，施以绿肥就会开花。"在《兰谱》中，王氏特别强调自己并不追求兰花长得十分壮大，就是希望自己所养兰花能够健硕丰茂，因而只是按照时令规律来培育和浇灌。本篇中，王贵学根据自己多年的经验，讲了"时""肥""水"三大要素。

首先，肥料选择很重要，谱中推荐用富含蛋白质的洗肉水进行浇灌，发酵后就会形成氮肥。而秽腐水则含有不同比例的氮、磷、钾成分，因此濯肉水和秽腐水都能够促进兰花对有机元素的吸收。

其次，施肥浇水要因时而异。王氏提到"莳沃以时"，指出施肥要随着季节转移而变化，还要根据植株的生长情况而有所不同。幼苗不宜多施肥，否则就会出现腐根叶败的现象。到了夏季，沙土湿润，植株处于旺盛生长期，需要吸收较多的肥料。

最后，兰花对土壤的要求是疏松、排水良好、含腐殖质丰富的微酸性土壤。如果土壤排水不畅，腐殖质含量少，则影响肉质根的正常生长发育。如果缺乏足够的营养，或因排水不畅会引起根部呼吸不畅，甚至造成根系腐烂。

分拆之法

予于分兰次年，才开花即剪去，求养其气而不泄尔。未分时，前期月余，取合用沙，去砾扬尘，使粪夹和（鹅粪为上，他粪勿用），晒干储久。逮①寒露之后，击碎元②盆，轻手解拆。去旧芦头③，存三年之颖④。或三颖、四颖作一盆，旧颖内，新颖外。不可太高，恐年久易隘。不可太低，恐根局不舒。下沙欲疏而通，则积雨不渍。上沙欲细则润，宜泥沙顺性。虽橐驼⑤复生，无易于此。

【注释】

①逮：到、及。

②元：通假字，通"原"。

③芦头：大多数兰属植物的茎膨大而短缩，称为假鳞茎，因品种不同而形状各异，根类药材近地面处残留的根茎凸起部分，俗称"芦头"。

④颖：草木的嫩芽。

⑤橐（tuó）驼：原意是骆驼，后借指驼背。这里指"郭橐驼"，唐代柳宗元《种树郭橐驼传》一文中的主人公，善于种树，成活率高。

【解读】

　　这一部分主要谈及兰花分株繁殖的办法。兰花的繁殖方法有两种：一是营养繁殖，也叫无性繁殖，就是采用分株、组织培养等方法进行植株培育；另外一种是种子繁殖，即有性繁殖。由于兰花的果实大多自身发育不成熟，所以日常种植大多用分株的方法而很少用播种的方法进行植株繁育。

　　文中提到，作者一般在兰花分株后的第二年，待新株刚一开花时就将花芽剪去，以使养分集中而不致流失。在对兰花进行分株前的一个月，就要准备好适宜的沙土，除去碎石，扬弃尘土，掺入粪肥，最好只用鹅粪，然后晒干储存。到寒露节气后，把原来的花盆打碎，抖掉母株外围的泥土，将缠绕在一起的根茎用手轻轻分开，就可以分成几株栽种了。除去太老的假鳞茎，留下三年生的嫩芽，三四苗为一盆，稍老的苗在内层，新苗在外层，在盆内的位置不宜过高，以免时间长了花茎拥挤；也不宜过低，否则根部难以舒展。花盆下层的土也要留有一定的空间，花盆上层的土要细而且潮湿，这样可以给兰花提供适宜的生长环境。

《兰石图》吴昌硕（清）

泥沙之宜

　　世称花木多品，惟竹三十九种，菊有一百二十种，芍药百余种，牡丹九十种，皆用一等沙泥，惟兰有差。梦良、鱼鱿，宜黄净无泥瘦沙，肥则腐。吴兰、仙霞，宜粗细适宜赤沙，浇肥。朱、李、灶山，宜山下流聚沙。济老、惠知客、马大同、小郑，宜沟壑黑浊沙。何、赵、蒲、许、大小张、金稜边，则以赤沙和泥种之。自陈八斜、夕阳红以下，任意用沙皆可。须盆面沙燥方浇肥，平常浇水亦如之。而浇水时与浇肥异，肥以一年三次浇，水以一月三次浇，大暑又倍之。此封植之法。

　　受养之地，靖节①菊、和靖②梅、濂溪莲，皆识物真性。兰性好通风，故台太高冲阳，太低隐风。前宜向离③，后宜背坎④，故迎南风而障北吹。兰性畏近日，故地太狭蔽气，太广逼炎。左宜近野，右宜依林，欲引⑤东旸⑥而避西照。炎烈荫之，凝寒晒之。蚯蚓蟠根，以小便引之。枯蝇点叶，以油汤拭之。摘莠草⑦，去蛛丝，一月之内，凡数十周⑧。伺其侧，真怪识之。橘逾淮为枳毂，逾汝⑨则死。余每病⑩诸兰肩载外郡，取怜贵家，既非土地之宜，又失莳养之法，久皆化而为茅。故以得活萌，贻诸同好君子。倘如鄙言，则纫为裳，揉为佩，生意日茂，奚九畹而止！

【注释】

①靖节：靖节先生，指陶渊明（约365—427），字元亮（又一说名潜，字渊明），号五柳先生，私谥"靖节"。

②和靖：和靖先生本名林逋（967—1024），北宋杭州孤山人，著名词人。因其终身不娶，膝下无子，以梅花为妻鹤为子，故而有人给他梅妻鹤子之盛名。和靖先生曾有过"疏影横斜水清浅，暗香浮动月黄昏"的咏梅名句，为后世所传颂。

③离：八卦之一，代表火，正南方之卦位。文中指南方。

④坎：八卦之一，代表水，正北方之卦位。文中指北方。

⑤引：导引，带领。这里引申为迎着的意思。

⑥旸（yáng）：太阳出来。

⑦莠草：一年生草本植物，穗有毛，很像谷子，亦称"狗尾草"。

⑧周：回，次数。

⑨汝：汝水，淮河支流。今分北汝河和南汝河。

⑩病：担忧。

　　本章谈了养兰过程中土壤和种植环境的选择，以及日常管理中施肥、浇水和病虫害防治等许多内容。在文中，作者将自己多年累积的养兰经验详细地记述下来。

　　世间为人称道的花卉树木种类很多，竹子有 39 种，菊花有 120 种，芍药有 100 多种，牡丹有 90 种，都是用某一种土壤种植的。只有兰花，不同品种对于土质的要求不一。比如陈梦良兰、鱼鱿兰适宜不掺泥土的黄色瘦沙，肥沙易使其根茎腐烂。吴兰、仙霞则喜欢粗细适宜的赤沙，还要经常浇肥水。朱兰、李通判兰、灶山兰应该选用山下水流冲聚起来的沙土。济老兰、惠知客兰、马大同兰、小郑兰适宜选用深谷中的黑色浊沙。何首座兰、赵十使兰、蒲统领兰、许景初兰、大小张兰、金棱边兰则要使用赤沙与河泥混合的沙土。至于陈八斜兰、夕阳红兰以下的各个品种，就随意选用什么土壤都可以了。要在兰花盆面的沙土干燥时才能施浇肥水，平时浇水也是一样。不过浇水和浇肥的频率不一样，浇肥一年三次，浇水则要一个月三次，到了盛夏大暑时节，浇水量还要加倍。

　　种花的地点要根据花的生长习性来选择，比如陶渊明种菊，林和靖种梅，周敦颐植莲都是如此。兰花喜欢通风透气，如果花台太高就会照射过多阳光，如果太低又会通风不畅。花盆应该面向南方，以便迎南风而避北风。兰花生性喜阴，怕阳光直射，因此种兰的地方不能太窄也不能太宽阔，最好左边临近旷野，右边靠近山林，以便接受东边日出的煦光，而避免日头偏西的直射。天气炎热日光强烈时，要为兰花遮阴，天气冷时又要使其晒到阳光。兰花根部生了蚯蚓，可以用尿水将其除去。苍蝇之类的小虫弄脏了叶子，要用油汤擦拭干净。平日要随时除杂草，扫蛛丝，每个月总要这样侍弄几十次。南方的橘树种到淮河以北，结出的果实就变成了又小又酸的枳，再越过汝水就根本无法生存了。作者时常担心那些被商贩卖到其他地方供有钱人赏玩的兰花，不仅环境不适宜生长，而且也得不到及时的照料，时间长了都变成了茅草。所以作者栽种了许多兰花幼苗，赠给与自己同样爱兰的君子。希望他们能遵循正确的方法，养好兰花，享受兰花带来的幽雅意境。

古人对各种兰花栽培用土有了比较深入的研究，今天的兰花研究者虽总结出许多更为科学的方法，但总的原则并没有变。一是土壤要具有良好的排水透气性，二是土质无污染和病虫害，三是需要含有丰富的营养成分。兰花耐阴，惧怕强烈阳光直射，适宜兰花生长的光照条件是半阴半阳。作者最后强调了养兰必须用心，随时关注，时时照料，想要享受赏兰的雅趣，就不能逃避照料的辛苦。

《芝兰图》马守真（明）

王氏兰谱

紫　兰

陈梦良。有二种，一紫干①，一白干。花色淡紫，大似鹰爪，排钉②甚疏，壮者二十余萼③。叶深绿，尾微焦而黄。好湿恶燥，受肥恶浊。叶半出架而尚抽蕊，几与叶齐而未破。昔陈承议得于官所而奇之，梦良陈字也④。曾弃之鸡埘⑤傍，一夕吐萼二十五，与叶俱长三尺五寸有奇，人宝之，曰"陈梦良"。诸兰今年懒为子，去年为父，越去年为祖，惟陈兰多缺祖，所以价穹⑥。其叶森洁，状如剑脊，尾焦。众兰顶花皆井俯，惟此花独仰，特异于众。

【注释】

①干：大多数兰属植物的茎膨大而短缩，形成假鳞茎，用于储存水分和养分，俗称"芦头"或者"蒜头"。这里的干指兰花花莛中

的花轴部分。花莛俗称"箭"或者"花箭"，包括花轴和花序两个部分。

②钉：同仃（dìng），指文辞等罗列、堆砌。

③萼：在花瓣下部的一圈叶状绿色小片。这里代指花苞。

④"昔陈承议"二句：陈承议即陈梦良，福建长乐人。朱熹为躲避伪学之禁，曾经住在其家，随其受学。承议即承议郎，是宋朝寄禄官名。

⑤坿（shí）：古代称墙壁上挖洞做成的鸡窝为"坿"。

⑥穹（qióng）：高。

【解读】

陈梦良兰是兰花中的极品，被称为众兰之首。作者在文中说，陈梦良兰有两个品种，一种花轴是紫色，另一种花轴是白色。其花色多为淡紫色，大小仿若鹰爪，排列松散，长势好的能开 20 多朵花。其叶片呈深绿色，叶尖略微干燥，呈焦黄色。此兰性喜湿润，不耐干燥，施肥须要清淡。叶片一半长出花架的时候，就开始抽蕊，而花蕊长到和叶子差不多高的时候却还没有开苞。当初陈承议在官署见到这种兰花，当作奇异的品种引种回家。起初随意栽种在鸡窝旁边，没想到一夜之间长出了 25 朵花蕾，花莛和叶子都有三尺五寸高，被视为珍品。因陈承议字梦良，此兰被命名为陈梦良兰。如果以植物的血统来计算，大多数兰花当年新萌发的为子辈，去年的旧根为父辈，前年的则为祖辈，唯独陈梦良兰鲜有祖辈，因其很少能够活过三年，这也是其价格高的原因之一。

陈梦良兰外观上最大的特点是顶花向上开放，形成仰角，傲视苍穹，似向天语。南宋赵时庚的《金漳兰谱》中对陈梦良兰的描绘更为传神："花头极大，为紫色之冠。至若朝晖微照，晓露暗湿，则灼然腾秀，亭然露奇。敛肤傍干，团圆心向。婉媚娇绰，伫立凝思，如不胜情。"作者毫不吝惜赞美，用堆砌式的溢美之词勾勒出一幅美丽绰约的兰花图：似亭亭玉立的少女，顶花露笑，花瓣和叶片上的晨露

映着朝晖，欲滴还羞，若
有所思，紫色的花朵和青
绿的兰叶交相辉映，清秀
中不乏娇媚，典雅中不失
灵动。据赵时庚记载，陈
梦良兰的叶片"尾如带，
微青。叶三尺，颇觉弱，
黯然而绿。背虽似剑脊，
至尾棱则软薄斜撒。粒许
带缁，最为难种，故人稀
得其真者"。可惜在千百
年的流传过程中，陈梦良
兰已经失传，或者变异为
其他品种，今人难以亲见
名兰当年的风采了。

云南大理兰花：无量红荷（图片提供：全景正片）

吴兰。色深紫，向①吾得于龙岩②漳州县名铁矿山
铁丛。石心而婉媚，叶之修绿冠诸品。得所养则蕊
歧生，有二十余萼。性颇受肥。亭亭③特特，隐然
君子立乎其前。

初成翁。本性有仙霞，色深紫，花气幽芳，劲
操特节，干叶与吴伯仲④，特花深耳。

> 赵十使。即师薄。色淡，壮者十四五萼。叶色深绿，花似仙霞，叶之修劲不及之。

【注释】

①向：从前。

②龙岩：唐天宝元年（742）改杂罗县为龙岩县，治所在今福建龙岩。

③亭亭：耸立，高的样子。

④伯仲：一家有兄弟数人，在给他们起名字的时候用上"伯仲叔季"等字，以示长幼有序。"伯仲"两字连用，表示相差不多，难分高下。

【解读】

吴兰花色深紫，是作者以前在龙岩县铁矿山的矿石中采到的。其花心饱满，花朵姿态温婉娇媚，叶片碧绿修长，在众多兰花中，其叶形是最好的。只要栽培方法得当，就会分生花蕊，进而开出二十多朵花。吴兰性喜肥料，植株高耸挺拔，就像一位傲然挺立的君子。赵时庚在《金漳兰谱》中记述吴兰："色映人目，如翔鸾翥（zhù）凤，千态万状。"鸾凤皆为传说中的神鸟，翥，指凤凰振翅高飞的样子，赵时庚以展翅高飞的鸾凤比喻吴兰，凸显吴兰的风姿绰约。

初成翁兰，习性与仙霞兰差不多，花朵颜色深紫，气味幽香，花莛、叶片和吴兰十分相似。

赵十使兰，就是赵师薄兰，花色较淡。苗壮一些的有十四五朵花。叶片颜色深绿，颜色与仙霞兰相似，而叶片修长挺拔的程度有所不及。

以上这三种兰花皆属于紫兰一族，作者从颜色、香味、花萼数、干叶等几个方面加以区分，但三者的珍贵程度则有所不同，其中以

《墨兰图》郑思肖（南宋）

吴兰为上。

　　在中国古代，爱兰者大有人在。宋末元初著名画家郑思肖就爱兰成癖，甚至终身未娶，以兰为妻。南宋灭亡后，他不仕元朝，隐居在苏州一家寺庙里，连坐卧的方向都向着南方，以示自己不忘宋朝。传说一年春天，郑氏面南而坐，连绘几幅墨兰，许多人知道后赶来观看，古寺的香火也渐渐旺盛起来。有个鉴赏丹青的能手，一连几日都来佛寺观看郑思肖画的兰花，却发现所有的兰花在画面上只见花叶，不见根茎。于是当郑氏面指出缺陷："为何所有兰花都不画根？"郑氏回道："国土已失，何处有兰花长根的所在？"从此，苏州一带传遍了郑思肖画兰无根、眷恋故土的故事，许多人家也用心收藏这些兰花图。这也是为什么后世所见到郑思肖的墨兰大多无根。

　　由此可见，兰花高耸挺立的品质被赋予了民族气节的深意，无论吴兰、初成翁抑或赵十使，王贵学在记录花形时也不忘着笔对叶和干描绘一二。

何兰。壮者十四五萼，繁而低压，冶①而倒披②。花色淡紫，似陈兰。陈花干壮而何则瘦，陈叶尾焦而何则否。或名潘兰，有红酣③香醉之状。经雨露则娇，因号"醉杨妃"。不常发，似仙霞。

【注释】

①冶：艳丽，妖媚。

②倒披：倒着展开。

③酣：原指饮酒尽兴的样子，此处引申为浓烈，旺盛。

【解读】

何兰，生长茁壮的一株能开十四五朵花，花朵繁盛，花枝低垂，披散倒挂，十分艳丽。其花色为淡紫色，有点像陈梦良兰。陈兰花轴粗壮，而何兰比较纤瘦。陈兰叶尖焦黄，这一点是何兰没有的。何兰又名潘兰，由于花朵红艳低垂，像是美人酒后酣醉之态。若是经过雨露洗礼会显得越发娇美，所以又被称为"醉杨妃"。此兰不常开花，习性与仙霞兰比较相近。

作者对于何兰的描绘一改之前兰花谦谦君子的形象，而是凸显其妖媚轻柔、窈窕绰约的女性形态。文中说何兰又叫潘兰，可是赵时庚《金漳兰谱》中记载的何兰与潘兰并不一样，并没有列为同一品种；《遵生八笺》中也称何兰与潘兰不同。由于物换时移，今人很难探究二者是否为同一品种。但是从古人的记载中，可看出两种兰花都有花姿艳丽的特点，与其他品种的淡雅含蓄迥然不同。赵时庚说，潘兰"艳丽过于众花"，"绰约作态，窈窕逞姿，真所谓艳中之艳，花中之花也”。将兰花娇媚的特点与“贵妃醉酒”的典故联系起来，名之为“醉杨妃”，可谓传神。

大张青。色深紫，壮者十三萼，资①劲质直。向北门，张其姓，读书岩谷，得之。花有二种，大张花多，小张花少。大张干花俱紫，叶亦肥瘦胜小张，悭②于发花。

蒲统领。色紫，壮者十数萼。淳熙③间，蒲统领④引兵逐寇，忽见一所，似非人世，四周幽兰，欲摘而归。一老叟前曰：“此兰有神主之，不可多摘。”取数颖而归。

【注释】

①资：禀赋，性情。
②悭（qiān）：吝啬。
③淳熙：南宋孝宗赵昚（shèn）的第三个年号，即1174—1189年。
④统领：官名。南宋统兵官有统领、同统领、副统领等，位在统制之下。

【解读】

张青兰分大、小两种，在花的多寡、叶片肥瘦等方面皆有不同。大张青兰颜色深紫，长得壮的一株能开十三朵花，天生挺拔劲直。以前北门有个姓张的人，在岩谷读书的时候得到这种兰花。大张青花开较多，小张青花朵少。大张青花朵和花轴都是紫色的，叶片也胜过小张青，不过较难开花。

蒲统领兰的花为紫色，长得壮的能开十几朵花。传说在淳熙年间，有位姓蒲的统领带兵驱逐贼寇，突然间发现一个地方，四面遍生幽兰，美得不像是在人间。他想摘一些兰花带走，有一位老人上前说道："这些兰花是神仙的，不可以多摘。"于是蒲统领就只取了几株就离去了。

大张青和蒲统领两种兰花的得名都与人有关，尤其是蒲统领兰，传说带

《幽兰图》杜大绶（明）

有几分神秘浪漫的色彩，暗含了"兰花之幽并不世得"的主旨。兰花生于幽谷，长自深林，不与群芳争宠，却具有沁人的幽香和含蓄的姿容，自古就被文人赋予不趋炎附势的操守。南朝名士周弘让在《山兰赋》中咏兰花"挺自然之高介，岂众情之服媚"，"禀造化之均育，与卉木而奇致。入坦道而销声，屏山幽而静异"。说兰花只宜生长于幽山。明朝诗人薛网诗道："我爱幽兰异众芳，不将颜色媚春阳。西风寒露深林下，任是无人也自香。"幽兰遇净土而生，无欲无求，不染俗尘，令人产生飘然世外的联想。

陈八斜。色深紫，壮者十余萼，发则盈盆。花类大张清①，干紫过之。叶绿而瘦，尾似蒲②下垂。紫花中能生者为最，间有一茎双花。

淳监粮③。色深紫，多者十萼。丛生，并叶，干曲，花壮。俯者如想，倚者如思。叶高三尺，厚而且直，其色尤紫。

大紫，壮者十四萼。出于长泰，亦以邑名，近五六载。叶绿而茂，花韵而幽。

【注释】

①大张清：即前文所说的"大张青"。
②蒲：亦称"香蒲"，多年生草本植物，生于池沼中，高近两米。根茎长在泥里，叶长而尖，可编制席扇，夏天开黄色花。
③监粮：宋朝掌管所在州府的监粮料院的官员。

【解读】

陈八斜兰的花色深紫，茁壮的植株能开花十余朵。其根茎萌发就会充满花盆，花朵与大张青兰比较相似，而花轴的紫色更深一些。叶片绿而瘦窄，叶尖就像蒲叶一样下垂。这种兰花在紫兰中生长最为旺盛，偶尔可见一茎双花的。

淳监粮兰的花色深紫，一株最多能开十朵花。其兰株聚集丛生，叶子合拢，花轴弯曲，花朵膨大。有的花头下垂，就像在出神冥想；有的花相互倚靠，就像正在沉思。其叶片高达三尺，厚而挺直，花色深紫尤为明显。

大紫兰，茁壮的植株能开花十四朵。这种兰产自福建长泰，也有以产地命名的，是近五六年新出现的品种。其叶片颜色碧绿，生长茂盛，花朵富有风韵，散发幽香。

兰花叶片的生长对植株的生长和品质的优劣都起着至关重要的作用。兰花的叶片长短不一，形状不同，宽窄各异，有的如美人长发丝丝垂系，有的如英雄佩剑笔直挺立，一般分为直立叶、半立叶（或弧曲）、弯垂叶三类。立叶指叶片向上直立生长，尖端略有向外倾斜，如陈梦良、大张青等应该属于这一类。半立叶是指叶片自基部一半处逐渐向外倾斜，或弯曲成弧形。陈八斜叶片柔弱，尾部下垂，应该属于半立叶。在半立叶中，叶片半弯后又朝上微翘的称"凤尾"；叶子斜伸后出现一平弯，顶端又上微卷像托盘一样的称"承露"；叶片半弯以后，又向上斜翘的称"上翘"。弯垂叶是叶片自基部三分之一处逐渐弯曲，顶端下垂或呈半圆形，若从弯垂处开始往背面卷曲的则称"卷叶"。

　　许景初。有十二萼者，花色鲜红。凌晨浥①露，若素练经茜②，玉颜半酡③。干微曲，善于排钉④。叶颇散垂，绿亦不深。

　　石门红。其色红，壮者十二萼。花肥而促⑤，色红而浅。叶虽粗亦不甚高，满盆则生。亦云赵兰。

　　小张青。色红，多有八萼，淡于石门红。花干甚短，止供簪⑥插。

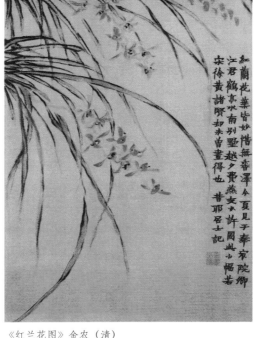

《红兰花图》金农（清）

【注释】

①浥（yì）：湿润。

②经茜：经过茜草煮染。茜草，其根可做红色染料，故茜又指深红色。

③酡（tuó）：本意为酒醉，引申为饮酒后脸变红。

④饤：贮食；盛放食品。常用作饤饾（堆放在器皿中的蔬果，一般仅供陈设）。

⑤促：小，狭窄。

⑥簪：古代用来绾住头发的一种发饰。

【解读】

许景初兰，有的能开12朵花，花朵颜色鲜红，清晨花朵被露水打湿后，仿若白绢染上了红色，又像美人酒后白皙的面庞微微泛红。其花轴略微弯曲，叶与花相互错落，好像精心排列过一样。叶片披散下垂，绿色不是很深。

石门红兰，花为红色，茁壮的植株能开 12 朵花。其花朵丰腴而小巧，颜色红得偏浅，叶子虽然较粗，但不是很高，长满一盆。也称为"赵兰"。

小张青兰，花朵色红，多的一株能开 8 朵花，颜色比石门红兰要淡一些。其花轴较短，所以一般只能用于簪戴。

兰花的花瓣比较特殊，花瓣三片是花的内轮，与萼片相似，但形状不完全相同。一左一右的两片称为"花瓣"，俗称"捧心"；中央下方的一枚称为"唇瓣"，俗称"舌"。花瓣的颜色、脉纹、斑点在兰花品种中也占有重要的地位，我国传统兰花名种以净素为上，假如有颜色就以色彩鲜明的为较好的品种。

讲到小张青兰时，作者提到了兰花可以簪在发间的功用。大约自汉代开始，簪花之俗在妇女中历久不衰，所簪之花大多为时令鲜花，如春天多簪牡丹、芍药，夏天多簪石榴花、茉莉花，秋天多簪菊花、秋葵等。除了妇女簪花，唐朝已有男子簪花的现象，到了宋朝已日益普遍，而且还成为某些典礼的仪节。《宋史·舆服志》载："中兴，郊祀，明堂礼毕回銮，臣僚及扈从并簪花，恭谢日亦如之。"可见当时参加重要典礼的百官及随侍人员都要簪花。

萧仲红①。色如褪紫，多者十二萼。叶绿如芳茅②。其余干纤长，花亦离疏，时人呼为"花梯"。

何首座。色淡紫，壮者九萼。陈、吴诸品未出，人争爱之。既出，其名亚矣。

林仲礼。色淡紫，壮者九萼。花半开而下视，叶劲而黄，一云"仲美"。

粉妆成。色轻紫，多者八萼，类陈八斜，花与叶亦不甚都③。

茅兰。其色紫之④，长四寸有奇⑤，壮者十六七萼。粗而俗，人鄙之。是兰结实，其破如线，丝丝片片，随风飘地，轻生⑥。夏至抽箆⑦，春前开花。

【注释】

①萧仲红：在各版本的兰谱里，也有作"萧仲和"的。

②芳茅：多年生草本植物，春季先开花后生叶，根茎可食，亦可入药。

③都（dū）：美盛，美好。

④之：宛委山堂本《说郛》作"之"，涵芬楼本《说郛》作"叶"，今从宛本。

⑤有奇：还有零头。"四寸有奇"即四寸多。

⑥轻生：轻贱的生命。

⑦箆（bì）：植物的茎叶。

【解读】

萧仲红兰，花朵颜色淡紫，开花多的一株能有 12 朵花。其叶片为碧绿色，就像芳茅的颜色，花轴纤长，花朵比较稀疏分散，当时有人称其为"花梯"。

《花卉册之兰草》朱耷（清）

　　何首座兰，花色淡紫，茁壮的植株能开 9 朵花。陈梦良兰和吴兰这些品种没有出现的时候，人们都争相爱宠何首座兰，陈兰、吴兰一出，它的品第就变成次一等的了。

　　林仲礼兰，花色淡紫，茁壮的植株能开 9 朵花。花朵绽放时也只开一半，而且花头朝下，叶子富有韧性，颜色呈黄色，又被称为"林仲美"。

　　粉妆成兰，花色淡紫，开花多的能开 8 朵，花型与陈八斜比较相近，花朵和叶子也不是很美。

　　茅兰，花色为紫色，花朵的长度有四寸多，茁壮的植株能开十六七朵花。这种兰花格调较俗，常受到人们的轻视。这种兰花能结果实，果实破裂后像絮线一样，丝丝片片，随风飘到地上，就能发芽生长。茅兰一般是夏至时开始长茎叶，来年春天到来之前开花。

　　花萼花瓣的数量以及结不结实都是辨别兰花种类的重要依据。萧仲红、何首座、林仲礼、粉妆成、茅兰虽皆属紫兰，但王贵学从花萼数量、花瓣朝向和结不结实等方面作了区分。其中茅兰花萼最多，壮者可达十六七萼，萧仲红兰次之，可有十二萼，何首座、林忠礼二兰壮者只有九萼，而粉妆成壮者仅有八萼，如此看来，不同种类的兰花花萼数量也有较大的区别。

金棱边。出于长泰陈氏，或云东郡迎春坊门王元善家。如龙溪县后林氏，花因火为王所得。有十二三萼，幽香凌①桂，劲节方筠②，花似吴而差小。其叶自尖处分为两边，各一线许，夕阳返照，恍然金色。漳人宝之③，亦罕传于外，是以价高十倍于陈、吴，目之为紫兰奇品。

【注释】

①凌：逾越，超过。

②筠（yún）：原指竹子，这里指兰莛。

③宝之：将其当作宝贝。

【解读】

金棱边兰产自长泰县的陈家，也有人说来自东郡迎春坊门下的王元善家，王元善某次到龙溪县的林家时恰好遇到火灾，此花偶然被王元善所得。金棱边兰每株能开十二三朵花，气味幽香，胜过了桂花，花茎方棱，劲拔挺直。其花色深紫，花形和吴兰相似，只是花瓣略小些，叶子健韧有力，叶尖边缘化为两条黄线，仿若叶片镶了两道金边，故而得名"金棱边"。在阳光夕照时，金棱边兰的两道金边发出金灿灿的光芒，在漳州地区被人们视若珍宝，很少传播到外地，因此金棱边兰的价格比之前提到的精品陈梦良和吴兰还要高出许多，被视为紫兰中的奇品。

线艺兰"金边达摩"
（图片提供：FOTOE）

文中所说的金棱边，又名"金黄素"，因叶子的形状、颜色而著称，与今天的某些线艺兰有相似之处。线艺兰也叫叶艺兰，与"花艺兰"相对，是指叶上有金、银（即黄、白色）线与斑驳的形状变化的兰花。关于兰花的叶艺，我国古书虽有记载，但只是作为一个品种特征记录下来，还未作为兰花的一个赏点来弘扬。将兰花的叶艺作为赏点始自日本。早在200年前，日本就出现了建兰叶艺品种"加冶屋"，传说是由一位铁匠育出而得名。此后越来越多人开始喜爱和培育叶艺兰花，不断推出新的叶艺兰品种。

白 兰

灶山。色碧，壮者二十余萼，出漳浦①。昔有炼丹于深山，丹未成，种其兰于丹灶②傍③，因名。花如葵④而间⑤生并叶，干、叶、花同色，萼修齐，中有薤黄⑥。东野朴守漳时，品为花魁⑦，更名碧玉干。得以秋花，故殿⑧于紫兰之后。

【注释】

①漳浦：今福建漳州市。

②丹灶：丹炉，炼丹所用的炉子。

③傍（páng）：通"旁"，旁边。

④葵：葵菜，又名东葵，锦葵科二年生草本。夏初开淡红或淡白色小花，嫩叶是我国古代重要的蔬菜之一。

⑤间（jiàn）：缝隙，空隙。

⑥薤（xiè）黄：中药名。质地坚硬，角质，不易碎，有蒜臭，味微辣。由于其断面黄白色，而灶山兰花色白略带黄色，故作者引之形容花色。

⑦花魁（kuí）：百花的魁首。

⑧殿：排列在后。

【解读】

灶山兰，花色青白，旺盛的一株可开花二十余朵。此花出产于漳浦县，以前有人在此炼丹，丹药虽未炼成，丹炉边种植的兰花却因此得名。灶山兰的花朵与冬葵相似，叶片并拢，花从叶片的空隙中长出来，花莛、叶片和花朵的颜色都很相近。花形修长而整齐，中间夹有黄白色。东野朴公任漳州知州的时候，曾品评灶山兰为花魁，还将其更名为"碧玉干"。由于此花在秋天开花，所以位列紫兰之后。

赵时庚在《金漳兰谱》中也曾提到过灶山兰，说它"色碧玉，花枝开，体肤松美，颙颙昂昂，雅特闲丽，真兰中之魁品也。每生并蒂，花、干最碧，叶绿而瘦薄"。为世人展现出了灶山兰的绰约风姿。"颙颙昂昂"用来形容灶山兰体貌庄重，器宇轩昂，而"雅特闲丽"则是形容灶山兰文雅形美。清人徐珂在《清稗类钞·植物·一线红丫兰》中也曾记述过："灶山兰有十五萼，色碧玉，花枝开，体肤松美，兰中之魁品也。"

济老。色微绿，壮者二十五萼，逐瓣①有一线红晕界其中。干绝高，花繁则干不能制②，得所养则生。绍兴③间，僧广济修养穷谷，有神人授数颖④，兰在山阴⑤久矣。师今行果⑥已满，与兰齐芳。僧植之岩下，架一脉之水溉焉，人植而名之。又名一线红，以花中界红脉若一线然。干花与灶山相若，惟灶山花开玉顶，下花如落，以此分其高下。此花悭生蕊，每岁只生一。

【注释】

①逐瓣：指花瓣与花瓣之间。中国兰的花朵由外三瓣、内三瓣和花蕊组成，这里应该主要是指外三瓣。

②制：约束，这里有支持之意。

③绍兴：南宋高宗皇帝的第二个年号，即 1131—1162 年，共计 32 年。

④颖：原指禾的末端，植物学上指某些禾本科植物小穗基部的苞片，这里指幼苗。

⑤山阴：在今浙江绍兴，以在会稽山之北而得名。历史上该县旋废旋置，南宋时为绍兴府治所。

⑥行果：佛教中的行业与果报，果报必依行业之因，称为行果。

【解读】

　　济老兰的花微带青白色，苗壮的一株可以开 25 朵花，花瓣之间有一线红晕。花莛很高，花开得多时茎干甚至支撑不住。一般来说名兰的花茎宜高不宜矮。《兰史》中介绍建兰时就指出"总以叶短、茎长、花挺出者为佳"。如果花茎太矮的话，花藏于叶丛中，不利于观赏。若花高挺于叶，则使兰花有亭亭玉立之姿，更能显露出超凡脱俗之姿。

　　济老兰的来历还有一个故事。南宋绍兴年建，有位法号广济的僧人在深山修行，得到一位神仙赠予的几株兰花幼苗。那位大师修

《春风香国图》汪士慎（清）

行圆满，德操与兰花同香。其后的僧人们将这种兰花种在岩石之下，还架设管道饮水灌溉，由于此兰是僧人所种，所以得名济老兰。而由于花瓣上有一线红晕，因而又名"一线红"。《金漳兰谱》中称济老"标致不凡，如淡妆西施，素裳缟衣，不染一尘"，描绘出了济老兰出尘脱俗的一面。

文中还提到，济老兰的茎干和花朵都与灶山兰很相似，只是灶山兰开花时花瓣为"落肩"式，根据这一点就可区分二者品第高低。

兰花的花朵由外三瓣、内三瓣和花蕊组成，外三瓣中，中间的一片称为中萼，又名"主瓣"，两侧各一片称为侧萼，又称"副瓣"。所谓兰花的"肩"，即指副瓣着生的形态。如果两侧副瓣微向上，称为"飞肩"，属佳品。如果两侧副瓣呈水平状，称为"一字肩"
或"平肩"，也属上品。如果两侧副瓣微微下垂，称为"落肩"，
品第就属中下。而两侧副瓣大幅下垂，与主瓣形成三角形的，称为
"大落肩""三脚马""八字架"，就属劣品。

> 惠知客。色洁白，或向或背，花英①淡紫，片
> 尾②微黄，颇似施兰。其叶最茂，有三尺五寸余。
> 　　施兰。色黄，壮者十五萼，或十六七萼。清操
> 洁白，声德③异香。花头颇大，岐干④而生。但花
> 开未周，下蕊半堕。叶深绿，壮而长，冠于诸品。
> 此等种得之施尉⑤。

【注释】

①花英：即花英，清代朱克柔《第一香笔记》："惠知客……花英淡紫，
　片尾凝黄。"
②片尾：花瓣的根部。
③声德：似为"馨德"之误，即美德。
④岐干：枝干由一枝分成数枝。
⑤尉：县尉的简称。

【解读】

　　惠知客兰，花色洁白，花头有的相对、有的相背，花英为淡紫
色，叶片尖端带有一点淡黄，和施兰颇为相似。此兰的叶片生长最

为茂盛，可达三尺五寸多长。

施兰花色为黄色，茁壮的植株可开十五六朵花。施兰花色清雅，具有高洁的德操，而且以具有异香而闻名。此兰花朵很大，可在旁出的侧枝上开花，不过花开得并不完美，两肩半落。其叶片为深绿色，健硕修长，比其他品种兰花的叶子都长而大。施兰的名字来自一位姓施的县尉。

施兰的花形花色在兰花界不算出众，值得称道的是其拥有的异香。兰花是典型的虫媒花，需要依靠蜂蜜、蝴蝶等昆虫作为媒介进行传粉。为了有效地吸引昆虫来授粉，各种兰花也是使尽浑身解数，有艳丽颜色或者鲜明斑纹的兰花自然能够吸引昆虫前来授粉，而施兰只能依靠香味来为自己争取虫媒。

自古文人墨客在赞美兰花时，也多着墨于兰花的幽香。如李白《孤兰》一诗："若无清风吹，香气为谁发。"唐代李峤在《兰》一诗中说："广殿清香发，高台远吹吟。"诗人杜牧也有《兰溪》："兰溪春尽碧泱泱，映水兰花雨发香。"唐太宗李世民也在《芳兰》一诗中写道："日丽参差影，风传轻重香。"

李通判①。色白，壮者十二萼。叶有剑脊②，挺直而秀，最可人眼。所以识兰趣者，不专看花，正要看叶。

王氏兰谱

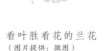

【注释】

①通判：官名。在知府下掌
　管粮运、家田、水利和诉
　讼等事项。

②剑脊：剑身部分中
　央一条凸起的棱称
　作剑脊。

【解读】

　　李通判兰，花色洁白，茁壮的兰株
可以开 12 朵花。此兰的叶片形状犹如剑
脊，挺拔劲直，十分秀美，最是好看。所
以说，懂得欣赏兰花韵致的人，并不单纯
赏花，更要赏叶。

看叶胜看花的兰花
（图片提供：微图）

　　绝大多数人赏兰会将目光投在兰花的干、花、香等因素，王
贵学则在欣赏李通判时突破前人的眼光，将赏兰的范围扩展到兰花的
叶子。明代曾有人作诗盛赞兰叶之美："泣露光偏乱，含风影自斜。
俗人那解此，看叶胜看花。"看花一时，看叶经年，花时看花，无花
看叶，也胜看花。

　　赏兰叶，包括叶形、叶姿、叶质、叶色和叶艺几个方面，每个
方面又有许多讲究。比如，叶形有受露型、带形、线形、鲫鱼形、长
椭圆形、箭形、弓形、浪翻形、皱卷形等。叶姿有直立挺拔、斜立
弧曲、婆娑弧垂、环卷如轮、旋卷如龙、斜伸反翘、弯勾后扣等。
叶色有黄绿、青绿、墨绿，还有新出现的红绿等。叶艺包括线艺、
水晶艺、图画斑艺等。

梅兰竹菊谱

郑白善。色碧，多者十五萼，岐生过之。肤美体腻①，翠羽②金肩③。花若懒散④下视，其跗⑤尤碧。交秋⑥乃花，或又谓大郑。

郑少举。色洁白，壮者十七八萼。郑得之云霄⑦。叶劲曰大郑，叶软曰小郑，散乱，蓬头⑧少举。茎硃⑨，花一生则盈盆，引⑩于齐叶三尺，劲壮似仙霞。

【注释】

①肤美体腻：指兰花如美人一般肌肤细腻。
②翠羽：花瓣青白色。
③金肩：淡黄色的副瓣。
④懒散：本指困倦慵懒，文中指花头向下耷拉。
⑤跗（fū）：花的下萼。
⑥交秋：立秋。
⑦云霄：今福建省云霄县。原因云霄山而得名。
⑧蓬头：头发蓬乱，文中指郑少举兰的叶子散乱。
⑨硃：同"朱"，红色。
⑩引：延长。

【解读】

郑白善兰，花色青白，开花多的可达十五朵，如果有侧枝，花朵会更多。此兰的花瓣像美人的肌肤一样细腻润滑，花瓣青白而副瓣金黄。其花头姿态呈现慵懒的下垂状，而花萼主瓣的颜色尤显青白。郑白善兰在立秋时节才开花，有人又称其为"大郑"。

郑少举兰，花色洁白，长得壮的可开十七八朵花。据说是一个

《醴浦遗佩》【局部】石涛（清）

姓郑的人在云霄山中得到的。其中叶片格外坚挺的又称"大郑"，而叶片较软的称"小郑"。这种兰的叶片散乱蓬松，很少能够挺举。其花茎为红色，花朵初开时茎干就长满花盆，而且能长到比叶子还高三尺，健壮挺拔得可与仙霞兰相比。

郑白善兰和郑少举兰有时都被称为"大郑"，但郑少举兰的叶片比较散乱，作者王贵学对其态度比较淡然。而在《金漳兰谱》中，赵时庚对郑少举兰可以说推崇备至，称其"莹然孤洁，极为可爱。……白花中能生者，无出于此。其花之色姿质可爱，为百花之翘楚者。"

> 仙霞九十蕊。色白，鲜者如濯①，含②者如润。始得之泰邑③，初不为奇，植之蕊多，因以名花。比李通判则过之。

【注释】

①濯：洗涤。
②含：含苞待放之意。
③泰邑：泰宁，北宋元祐元年（1086）改归化县置，属邵武军，治所即今福建泰宁。

【解读】

　　仙霞九十蕊兰，花为白色，刚开的花新鲜洁净，如同洗过一样，含苞待放的花则显得格外光润。此兰原产于泰邑，刚发现时人们都不觉得此花有什么出奇之处，种植后发现其花蕊很多，因此命名为"九十蕊"。这个品种优于李通判兰。

　　在《王氏兰谱》中，仙霞兰被视为诸兰中的标准样本，经常会被拿来与别的兰作比较，以便人们比较容易得知其他兰花的特征。比如讲到兰花的培植土壤选择时，王贵学提到"吴兰、仙霞，宜粗细适宜赤沙"；讲到初成翁时，他说"本性有仙霞"；讲到赵十使时，他说"花似仙霞"；何兰、潘兰均"似仙霞"；还有，郑少举的花莛"劲壮似仙霞"，等等。仙霞兰或许是一种极为常见的白兰，因此文中提到刚发现时并不觉得有什么特别。但仙霞兰花朵洁白无瑕，配着劲壮的花莛，温润中不乏坚韧，也可体现兰花的君子风度。

　　　　马大同。色碧，壮者十二萼。花头肥大，瓣绿，片多红晕。其叶高耸，干仅半之。一名朱抚，或曰翠微，又曰五晕丝①。叶散，端直冠②他种。

①五晕丝："丝"疑为"绿"字之讹。《花史左编》《第一香笔记》《清稗类钞》皆作"五晕绿"。

②冠：超过。

【解读】

马大同兰，花色青白，长得壮的可开十二朵花。其花头肥大，内瓣带有绿色，外片多有红晕。叶片高耸，而茎干只有叶片的一半高。这种兰花又名"朱抚""翠微"或"五晕丝"。此兰叶片散乱，但是花莛端正挺直，胜过其他品种。

马大同兰因何得名，王贵学并无交代。从文中所提到这种兰花的几个名称马大同、朱抚、翠微、五晕绿来看，前两者应该是以发现者的姓名或者官职来命名的，而后两者是跟花的色泽有关。据考证，唐宋时期有位名士叫马大同（844—913），字逢吉，为人端谨好学，文章典雅，书法尤妙绝于世，为当时的名儒巨卿所推重。唐懿宗咸通五年（864），马大同任东阳（今福建东阳）县令，任满后定居于东阳县南的松山，死后葬在松山马塘坞。此外，南宋还有一位马大同，字会叔，世称鹤山先生，严州建德（今浙江建德东北梅城）人。南宋高宗绍兴二十四年（1154）中进士，任户部员外郎、大理正兼吏部郎官、江西路提刑等，《全宋诗》中有收录其诗作。到底《王氏兰谱》中的马大同是否是上述二者中的一位，抑或是他人，现在都无从考证了。但根据王贵学的行文风格及其活动区域来看，宋代的马大同似乎更有可能是这种兰花的命名者。

黄八兄。色洁白，壮者十三萼，叶绿而直，善于抽干，颇似郑花，多犹荔之"十八娘"①。

朱兰。得于朱金判②。色黄，多者十一萼。花头似开，倒向一隅③，若虫之蠹④。干叶长而瘦。

周染。色白，壮者十数萼。叶与花俱类郑，而干短弱<small>叶、干长者为少举，促而叶微黄者为白善，干短者为周花</small>。

夕阳红。色白，壮者八萼。花片虽白，尖处微红，若夕阳返照。或谓产夕阳院东山，因名。

云峤⑤。色白，壮者七萼。花大红心，邻于小张，以所得之地名。叶深厚于小张清，高亦如之。云峤，海岛之精寺⑥也。

【注释】

①十八娘：闽南十八娘，福建仙游荔枝的名品。

②金判：签判。签书判官厅公事的简称。为宋代各州幕职，协助州长官处理政务及文书案牍。

③一隅：一边或者一角。

④蠹（dù）：蛀虫。

⑤云峤：员峤。古代神话传说中海中的仙山。

⑥精寺：精舍。最初是指儒家讲学的学社，后来多称出家人修炼的场所为精舍。

《墨兰图》 郑板桥（清）

【解读】

　　黄八兄兰花色洁白，生长茁壮的一株可开 13 朵花。叶片绿色，挺直，善于抽长茎干，长势和郑兰颇为相似，就像荔枝中的"十八娘"。

　　朱兰，得名于朱金判。花色淡黄，多的能开 11 朵花，花头半开半阖，倒向一边，好像遭受了虫害一样。花莛和叶片修长细瘦。

　　周染兰，花为白色，生长茁壮的一株可开十几朵花。其叶片和花朵都和郑兰相近，而茎干比较短且柔弱。（茎干修长的是郑少举

梅兰竹菊谱

086

兰，花莛较短而叶泛微黄的是郑白善兰，茎干短的则是周染兰。）

夕阳红兰，花朵白色，生长茁壮的一株可开 8 朵花。花朵外瓣虽然为白色，但尖端处却发微红，就像夕阳余晖的颜色。又有人说此兰产自夕阳院东山，因而得名。

云峤兰，花朵白色，生长茁壮的一株可开 7 朵花。其花朵很大，带有红心，有点像小张青兰。叶子比小张青兰的色深而且厚实，花莛高度也和其差不多。云峤兰是根据采集所得的地方来命名的，"云峤"是海岛中佛寺的名称。

以上各品种虽同为白兰，但是每一种兰的花莛、叶形、瓣型等皆有所不同，周染兰花为白色；朱兰花色则为淡黄；夕阳红花瓣虽白但是尖端微红，仿若夕阳返照；云峤花有红心，与小张青兰较为相似。而黄八兄兰则与十八娘荔枝相似，在宋代曾巩《荔枝录》曾写："十八娘荔枝，色深红而细长，闽王王氏有女第十八，好食此，因而得名。女冢在福州城东报国院，冢旁犹有此木。或云：谓物之美少者为十八娘，闽人语。"这种荔枝深红细长，像十八岁的红衣少女，由此可见黄八兄兰应该也为白中带红，才能够让作者将之与十八娘荔枝相提并论。

林郡马。其色绿，出长泰，壮者十三萼。叶厚而壮，似施而香过之。

青蒲。色白，七萼。挺肩露颖，似碧玉而叶低小，仅尺有五寸。花尤白，叶绿而小，直而修①。

独头兰。色绿，一花，大如鹰爪。干高二寸，叶类麦门冬②。入腊③方薰馥④可爱，建、浙间谓之献岁⑤，正一干一花而香有余者。山乡有之，间有双头。涪翁以一干一花而香有余者，兰也。

　　观堂主。色白，七萼。干红，花聚如簇，叶不甚高。妇女多簪之。

【注释】

①修：长，高。

②麦门冬：又称麦冬、细叶麦冬、韭菜麦冬等。百合科多年生常绿草本，可入药。

③腊：腊月，农历中第十二个月为腊月。

④馥（fù）：香气。

⑤献岁：进入新的一年，岁首。

【解读】

　　林郡马兰，花色淡绿。出产于长泰县，生长茁壮的一株可开13朵花。其叶片肥厚壮实，有点像施兰，不过气味更香。

　　青蒲兰，白色花朵，一茎能开7朵花。两肩（副瓣）挺翘，嫩芽微露，外形与碧玉兰类似，不过叶子相对低垂而短小，只有一尺五寸长。花朵尤其洁白，叶片碧绿，挺直齐整。

　　独头兰花色淡绿，一株只开一朵花，其大小有如鹰的脚爪。此兰花莛高二寸，叶子长得类似麦门冬。进入腊月，独头兰方才开花，香气怡人。建州和浙江地区称其为"献岁"。独头兰在山

《幽兰佛手图》郑板桥（清）

野间也有生长，偶尔有一茎开两朵花的。黄庭坚认为一干一花而香气馥郁的就是兰花。

观堂主兰，白色花朵，一茎可以开7朵花。其花莛是红色的，花朵聚成一簇，叶子不是很高。妇女多用这种兰花簪戴装扮。

林郡马、青蒲、独头兰、观堂主这几种兰花在外形方面皆不是特别出众，但是又各有特点。林郡马兰叶片厚实，且香味比施兰犹胜；青蒲兰花色白小巧淡雅；观堂主兰则花团如簇，适合簪戴；独头兰则因为独树一帜而获得较多笔墨。

黄庭坚曾提出："一干一花，香有余者，兰；一干五七花，香不足者，蕙。"虽然黄庭坚对兰蕙的判断标准已被后世否定，但是花的多寡仍然是判断兰花种类的重要特征。

兰花萼多寡不一，在兰谱记述的白兰中，开花较少的如青莆、观堂主等一支莛干能开七八朵花，而独头兰开花却是少之又少。独头兰还有一个别名"弱脚"，直白地表现出独头兰的特点——花大茎短，花可大如鹰爪，但莛干却只有二三寸，给人头重脚轻之感。

独头兰虽在外表上无法独占鳌头，但是它却选择了极佳的开花时间，弥补了自己在外观方面的不足。在《兰艺秘诀》中专门介绍了独头兰的花期："其花不开于夏秋之间，必入腊方花，俗又称之为冬兰。"因此，独头兰并不与其他兰品争奇斗艳，而是选择在冰雪寒天独自绽放，不禁令人赞叹独头兰"独占春"的名号果然名不虚传。

名第。色白，七八萼。风韵虽亚，以出周先生①读书林先生讳匡物，元和进士榜。邦人以先生故，爱而存之。

【注释】

①周先生：唐代诗人周匡物，字几本，漳州人，元和十一年（816）进士。

【解读】

名第兰，花色洁白，一茎可开七八朵花。风姿韵致稍差，因产自周先生读书林而得名。周先生同乡的人因为仰慕周先生的为人，所以喜爱并种植这种兰花。

关于名第兰，在清代的《第一香笔记》中记载："名第，色白，有五六萼。叶最柔软，新叶长，旧叶随换。人不爱重。"可以看出名第兰在花、叶、香气等方面均无长处，是因为沾了周匡物先生的光而名扬八闽。

周匡物，字几本，唐代龙溪县人，曾在天城山麓读书。"天城"，后改名"名第"，所以周匡物又被称为"名第先生"。据记载，周匡物年少时家境贫寒，但他发奋苦学。在徒步去京城赶考途中，他到钱塘江边因没有船钱而滞留多日，无奈之下在旅店题诗："万里茫茫天堑遥，秦皇底事不安桥？钱塘江口无钱过，又阻西陵两信潮。"当地郡牧见到这首诗，治罪管理渡口的津吏。从此之后，舟子不敢再收取赶考举子的渡船钱。周匡物在科举考试中不负众望，考中进士第四名，成为漳州建州后的第一位进士。及第后，周匡物踏入官场，先任雍州司户，元和十四年（819）又被举荐为五行军参事。他为官体恤民情，政绩显著，颇受乡人尊敬。明人张燮在《清漳风俗考》中说："唐垂拱时，玉钤建制，始得比于郡国；周、潘通籍，而后夫变稍知学矣！"

鱼鲏兰。一名赵兰，十二萼。花片澄澈，宛入鱼鲏，采而沉之，无影可指。叶颇劲绿，颠①微曲焉。此白兰之奇品，更有高阳兰、四明兰。

【注释】

①颠：顶部。

【解读】

鱼魫兰，又叫"赵兰"，一株可开 12 朵花。其花瓣洁净澄澈，就像鱼骨一样。如果将花瓣采下放入水中，连影子也看不到。鱼魫兰的叶子非常劲壮，颜色深绿，叶顶尖稍有弯曲。此兰是白兰中首屈一指的珍品，备受历代兰家的推崇。据赵时庚在《金漳兰谱》中记载："鱼魫兰，十二萼，花片澄澈，宛如鱼魫，采而沉入水中，无影可指。此白兰之奇品也。"两篇文章都特意点出鱼魫兰的花瓣如鱼骨般透明，晶莹剔透，沉入水中仿若无物，使人联想到洁白的雪花，有如此出众的形象被封为白兰之奇品也实不为过。据记载，北宋开国皇帝赵匡胤酷爱兰花，曾命福建和广东地区每年进贡建兰中的名品，此后以兰花为贡品被历代沿袭。许多进贡的兰花名品被称为"大贡"，其中"鱼魫大贡"尤其受到皇帝的喜爱。

由于《金漳兰谱》和《王氏兰谱》对"鱼魫兰"特征的描述过于简单，致使人们对"鱼魫兰"特征的理解迥异，众说纷纭。明人张应文在《罗钟斋兰谱》中也有关于鱼魫兰的记载："其花皓皓洁白，瓣上轻红一线，心上细红数点，莹彻无滓，如净琉璃。花高于叶六七寸，故别名出架白。叶短劲而娇细，色淡绿近白，从其花之色也。香清远超凡品，旧谱以为白兰中品外之奇，其珍异可知矣。"这里所说的鱼魫兰"瓣上轻红一线，心上细红数点"，与宋代的两部《兰谱》中所说已有较大的不同，所以明清以来很多人认为当时的鱼魫兰已不是宋代时的真品，或者说，古代的鱼魫兰已经失传。如今在福建民间虽然还有一茎十二花的鱼魫兰，但已经是经过变异的品种了。

碧兰。始出于叶_{兴化郡名}①龟山院②陈、沈二仙③
修行处。花有十四五萼，与叶齐修。叶直而瘦，花
碧而芳。用红沙种，雨水浇之。莆中奇品，或山石
和泥亦宜之。

翁通判。色淡紫，壮者十六七萼。叶最修长。
此泉州之奇品，宜赤泥和沙。

【注释】

①叶：地名。前人注："兴化郡名。"兴化，即今福建莆田地区。
②龟山院：故址在今福建莆田华亭镇三紫山。
③仙：这里指不同凡俗之义。

【解读】

碧兰，最初产自莆田龟山院，是姓陈和姓沈的两位高僧修行
的地方。碧兰一茎可以开十四五朵花，花与叶子高度相齐，叶片
挺直瘦窄，花色青白而带有香气。一般要用红砂土来栽培，用雨
水浇灌。碧兰是蒲中地区的兰花奇品，山石掺上泥沙也可以用来
种植此兰。

翁通判兰，花色淡紫，长势茁壮的一株能开十六七朵花。此
兰的叶片最为修长，是泉州兰花中的奇品，适宜以红泥掺沙土来
种植。

提到碧兰，龟仙院的陈、沈二僧是何许人呢？据宋黄岩孙《仙
溪志》载："广济禅师，名志忠，姓陈，本县人。与真寂沈禅师

雅相爱，二人结伴游历。唐长庆中，经行莆田龟山院北，遇六眸神龟蹑，四小龟行，俯仰其首如坐礼者三，遂结庵于此。后皆跌坐而逝，敕赐广济禅师。"如此看来，姓陈的广济禅师和姓沈的真寂禅师，二人志趣相投，一起游历四方。碧兰能够在两位高僧修行的地方生长，也额外增添了一分高洁清雅之意。

建兰。色白而洁，味芎①而幽。叶不甚长，只近二尺许，深绿可爱。最怕霜凝，日晒则叶尾皆焦。爱肥恶燥，好湿恶浊。清香皎洁，胜于漳兰，但叶不如漳兰修长。此南、建之奇品也。品第亦多，而予尚未造奇妙。宜黑泥和沙。

【注释】

①芎（xiōng）：多年生草本植物，羽状复叶，白色，果实椭圆形。产于中国四川和云南省。全草有香气，地下茎可入药。亦称"川芎"。

【解读】

建兰的花色白而光洁，气味类似芎的香气，不过更加幽雅。叶片不是太长，大概只有二尺左右，颜色深绿，十分可爱。建兰最怕霜冻，而如果遇到日晒，叶尖就会枯焦。此兰喜肥，厌恶干燥贫瘠的土壤，喜好湿润但是讨厌污浊。建兰清香洁白的姿态胜过漳兰，不过叶片不如漳兰修长。此兰是南平和建州地区的兰花奇品，品种也很多，但作

建兰（图片提供：FOTOE）

者还没有遇到过奇妙的品种。建兰适宜用黑泥掺和沙土来种植。

　　文中所说的建兰指的是产于南平和建瓯地区的一类兰花，比今天所说的建兰概念范围要小得多。现代意义上的建兰是国兰的一大品类，指主产于福建、广东等地的地生根兰花，大都在夏秋之际开花，又名"秋兰""四季兰"等。文中所说的"漳兰"在今天也归入建兰一类。

　　"春不出，夏不日，秋不干，冬不湿"是古代兰花园艺家们总结出的养兰经验。"春不出"是指春天仍有霜雪，或者会有偶然性的"倒春寒"，冬季移入室内保温的兰株不要急着移至室外莳养，以防冻害。在温暖地区可白天搬出室外，让兰株接受日照，而晚上移入室内保暖。

　　"夏不日"是指夏日骄阳似火，不能将兰株放在全日照的环境中，以防日光灼伤。

"秋不干"是指兰花新梢在初秋尚未完全发育成熟，仍处于生长期。而秋季空气干燥，水分蒸发快，如果供水不足，会影响兰株的生长发育，使翌年的发芽和开花受到影响。因此，秋季仍然要及时供水和保证其在旺盛生长期的空气湿度。

　　"冬不湿"是指冬季光照弱、气温低，兰株处于休眠期，需要的水分减少至生长期的 1/3 乃至 1/4 便可。如果冬季供水量过大，不仅会干扰兰株的休眠，还会发生冻害。

　　碧兰①。色碧，壮者二十余萼。叶最修长。得于所养，则萼修于叶，花叶齐色，香韵而幽，长三尺五寸有余。更有一品，而花叶俱短三四寸许，爱湿恶燥，最怕烈日，种之不得其本性则腐烂。此广州之奇品也。

【注释】

①碧兰：本段所说的"碧兰"产于广州，与前文的莆田碧兰并非同一品种。

【解读】

　　碧兰花色碧绿，茁壮的一株可以开二十几朵花。叶片最为修长。如果得到良好的培育，其花朵就会长得高于叶子，花与叶颜色相同，而香味幽雅富有韵致，莛高三尺五寸多。还有一种碧兰，

《秋兰文石图》罗聘（清）

花和叶都要短上三四寸，喜欢湿润、厌恶干燥，最怕烈日暴晒，如果种植方法不当，就会造成根茎腐烂。这种碧兰是广州兰花的奇品。

广产碧兰和上文提到的"建兰"习性相近，所不同的是碧兰的叶子比建兰要长。而且碧兰以"香韵而幽"著称。古人称赞兰花为"空谷幽兰"，人们更是习惯将兰花的香味称作"幽香"。但细细品味，不同品种的兰花其香味有很大的区别。如四季兰的芳香较浓，墨兰的香味好似桂花香，春兰的香味最纯正，是幽香的典型，不过有些春兰仅有淡淡的清香，有的春兰则无香气。蕙兰数朵齐放，也有香气。有人将兰花的香气总结为三个类型。

1. 幽香：是一种闻而清神爽气，使人十分舒适的芳香。幽香，当门迎客来，入室更芳香。着意闻时不肯香，随风飘逸香无心处。香来沁肺腑，久之不闻香，香与人俱化，十分特别，幽香为中国兰独有。

2．清香：也是兰香，然而无法随风传送，俗称"有香而无气"。这种香用手轻拍兰盆或用手掌扇动靠近花朵的空气，其香味仍飘散不出来。只有靠近兰花的花朵时方可闻到芳香。

3．草香：国兰中也有些品种仅仅只有淡淡的青草香，或是一种怪怪的气味，就是俗称的"有气无香"。

自古以来，兰香是人们鉴定兰花品种优劣的重要标准。"日丽参差影，风传轻重香""过门阶露叶，寻泽径连香""广殿清香发，高台远吹吟""自无君子佩，未是国香衰""兰溪、春尽碧泱泱，映水兰花雨发香""兰之猗猗，扬扬其香""美人胡不纫，幽香蔼空谷"皆是历代文人墨客着重墨描写兰花之香的佳句。或许，有"国香"之称的兰花，若有朝一日没有了香味，便也不能被称为中国之兰了。

竹谱

《竹谱》成书于南北朝时期，作者戴凯之（生卒年不详）。据考证，戴凯之字庆预，为南朝宋的武昌郡（今湖北鄂州）人，曾被派遣为南康（今江西赣州）相。

古人将竹比作『君子』，又誉其为『岁寒三友』之一。历代文人墨客以竹为对象，创作了许多不朽的诗画。《竹谱》全书在前人研究成果基础上，首次对我国竹类资源进行了系统总结，后来问世的有关竹类著作，如宋代赞宁《笋谱》、元代刘美之《续竹谱》、李衎《竹谱详录》等，无不深受其影响。《竹谱》一书不过四五千字，前一部分是绪论，对竹的性质、形态、分类、分布、生育环境、开花生理及寿命作了概括性的介绍。后一部分是分论，详细记述了各种竹的名称、形态、生境、产地和用途。

植类之中，有物曰竹。不刚不柔，非草非木。

《山海经》①《尔雅》②皆言以竹为草，事经圣贤，未有改易。然则称草，良有难安。竹形类既自乖③殊，且《经》中文说又自背伐④，《经》云"其草多竹"⑤，复云"其竹多箭⑥"，又云"云山有桂竹"⑦。若谓竹是草，不应称竹，今既称竹，则非草可谓知矣。竹是一族之总名，一形之偏称也。植物之中有草、木、竹，犹动品之中有鱼、鸟、兽也。年月久远，传写谬误，今日之疑，或非古贤之过也。而此之学者谓事经前贤，不敢辨正。何异匈奴恶郅都⑧之名，而畏木偶⑨之质耶！

【注释】

①《山海经》：先秦古籍，主要记述古代地理、物产、神话、巫术、宗教等，也包括古史、医药、民俗、民族等方面的内容。

②《尔雅》：是我国最早的一部解释词义的专著，也是第一部按照

《墨竹图》文同（北宋）

词义系统和事物分类来编纂的词典。

③乖：背离，抵触，不一致。

④伐：一作"讹"。

⑤其草多竹：《山海经》中多次出现"其草多竹"的说法，可见在
这些记载中将竹划为草类。

⑥箆（mèi）：竹名，箭竹的一种。

⑦云山有桂竹：出自《山海经·中山经》"中次十二经"："又东

南五十里，曰云山，无草木。有桂竹，甚毒，伤人必死。"并没有把桂竹归为草木类。

⑧郅都：西汉景帝时期的名臣，以法严酷著称。他为雁门太守时，匈奴人畏惧他的威名而全军后撤，直到郅都死去都不敢靠近雁门。

⑨畏木偶：《史记·酷吏列传》载，匈奴曾依郅都的形象刻成木偶，立为箭靶，令骑兵奔驰射击，竟无一人能够射中。

【解读】

　　所有植物之中，有一个门类称为"竹"。它们既不刚硬，也不柔软，既不是草，也不属于树木。

　　《山海经》《尔雅》等古代著作都把竹归属为草类，但是这样并不符合事实。竹子的形态与草类是有本质不同的，况且《山海经》中的说法也多有前后矛盾之处。《山海经》里多处说"其草多竹"，这是将竹归为草类；又说"其竹多箭"，这又是将竹子单归为一个品种；接下去还说"云山无草木，有桂竹"，又把竹子独立于草木之外。竹或许是一类植物的总称，又是针对某一形态的专称，植物中有草、木、竹的划分或许就像动物中有鱼、鸟、兽的划分一样。随着时间的流逝，诸多典籍在传抄的过程中出现错误，某些学者认为，竹归草类的说法是经过先贤校订过的，于是不敢加以更改。戴凯之认为这样的做法无异于匈奴人害怕郅都进而害怕他的木偶像的心态。

　　从文字字形上来说，"竹"是象形文字，像两根竹竿上长着对生的下垂竹叶。东汉许慎的《说文解字》中说："竹，冬生草也。象形。"从形态上指明"竹"字就是仿照自然界竹子的形态而创造出来的汉字。

　　在我国现存最早的一部辞典性质的书《尔雅》中将竹归于草类，但某些人说，"草发成茇，树茂成林"，竹子自古称"林"，似乎应属树类了。然而，草木之别的关键是"年轮"。木本植物每过一年，茎干的横断面便增添一圈同心轮纹，然而锯断竹子看，里面却空空如也。基于以上分类的分歧，《竹谱》的作者南朝宋戴凯之另辟蹊径，提出竹"非草非木"，是植物中的独特品种，能够力排众议，不盲目迷信权威，这一点是非常难能可贵的。

按照今天的植物学分类，竹属于多年生禾本科植物，有木质化的或长或短的地下茎。秆为木质化，有明显的节，节间中空。由于竹子四季青翠，挺拔坚劲，而又虚心、有节，自古被文人用来比拟君子之德，品格正直，不偏不倚，虚怀若谷，守节坚贞。

> 小异①空实，大同节目②。
>
> 夫竹之大体多空中，而时有实，十或一耳，故曰小异。然虽有空实之异，而未有竹之无节者，故曰大同。
>
> 或茂沙水，或挺岩陆。
>
> 桃枝、筼筜③，多植水渚④。篁⑤、筱⑥之属，必生高燥。

【注释】

①小异：与后句"大同"相对照，即"大同小异"分拆使用。

②节目：树木茎干分枝长叶的部分称为"节"，树木纹理纠结的地方称为"目"。

③筼筜（yún dāng）：一种皮薄、节长而竿高的生长在水边的大竹子。

杭州五云山云栖竹径

④渚：水中间的小块陆地。

⑤筼：一种竹名。体圆质坚，皮如白霜。

⑥筱：细竹子，也叫箭竹。

【解读】

　　不同类型的竹子，在茎壁的薄厚空实方面有小差异，却没有分节与否的大区别。绝大多数的竹类茎干中空，仅有十分之一的种类茎为实心，所以说这是小差异。然而却从没见过竹子不分节的，所以说各类竹子并无大区别。

有的竹子茂盛地生长在水边沙滩，有的则挺立于陆地山岩。比如像桃枝竹、筬筜竹就多种植在水边，而篁竹、筱竹就生长在干燥的高处。

与大多数禾本科植物一样，竹子的茎干包括节与节间两部分。节间部分是中空的筒形，而节的里面有横隔板，是闭塞的。所谓竹节，就是竹子的居间分生组织。通常在竹笋出土时，其顶端的分生组织就已停止活动，以后的生长主要是竹节活动的结果。竹子生长迅速，俗称"拔节"，最快时日生长量可达1米左右，夜间生长尤其迅速。所以夜入竹林，有时可听到噼噼啪啪的拔节声音。

戴凯之确信凡是竹子都有节，没有无节的竹子，这种说法未免有所偏颇。《广芳群谱·竹谱》就记载："无节竹，出瓜州。"又说："通竹，直上无节而空洞，出溱州。"可见竹子大家族种类繁多，各种类型无所不有。

条畅纷敷，青翠森肃。质虽冬蒨①，性忌殊寒。九河鲜育，五岭实繁。九河②即徒骇、太史、马颊、覆釜、胡苏、简、絜、钩盘、鬲津，禹所导也，在平原郡③。五岭之说，互有异同。余往交州④，行路所见，兼访旧老，考诸古志，则今南康⑤、始安、临贺为北岭，临漳⑥、宁浦⑦为南岭。五都界内各有一岭，以隔南北之水，俱通南越⑧之地。南康、临贺、始安三郡通广州，宁浦、临漳二郡在广州西南，通交州。或赵佗⑨所通，或马援⑩所并，厥迹在焉。故陆机⑪请"伐鼓五岭表"⑫，道九真也。徐广⑬《杂记》以剡⑭、松、阳、建安、康乐为五岭，其谬远矣。俞益期⑮《与韩康伯⑯》以晋兴所统南移⑰、大营、九冈为五岭之数，又其谬也。九河鲜育，忌隆寒也。五岭实繁，好殊温也。

【注释】

①蒨（qiàn）：同茜，草木茂盛的样子。

②九河：禹时黄河的九条支流。

③平原郡：古郡名，治在现山东省德州市。

④交州：古地名，包括今天越南北、中部和中国广西、广东的一部分。

⑤南康：郡名，治在今江西省南康、赣县、兴国、宁都以南之地。

⑥临漳：临漳郡，又称"临瘴""临障"，辖地相当于今天广西合浦、浦北、灵山等地。

⑦宁浦：宁浦郡，辖境相当于今广西壮族自治区横县。

⑧南越：又称为南越国或南粤，是约公元前 203 年至前 111 年存在于岭南地区的一个国家。

⑨赵佗（约前 240—前 137）：秦朝著名将领，南越国创建者。

⑩马援（前 14—49）：字文渊，著名军事家，东汉开国功臣之一。

⑪陆机（261—303）：字士衡，西晋文学家、书法家，与其弟陆云合称"二陆"。

⑫伐鼓五岭表：出自陆机《顾交耻公真》诗："伐鼓五岭表，扬旌万里外。""伐鼓五岭表"，指的是通往岭南的五条远伐之路。

⑬徐广（351—425，一说 352—425）：字野民，徐邈之弟，孝武帝时人。

⑭剡（shàn）：古县名。在今浙江东部，包含嵊州和新昌。此处剡、

《风竹图轴》李坡（南唐）

松、阳、建安、康乐大体是指浙江会稽山、仙霞岭、福建武夷山、江西九岭山等山区。

⑮俞益期：又作"喻希"，东晋升平末为治书侍御史。

⑯韩康伯：名伯，字康伯，东晋玄学思想家。

⑰南移：地属武平郡，辖境相当于今天越南永福、北太两省地区。

【解读】

竹子枝条舒展，竹丛茂盛繁密、颜色青翠，适宜种植在温暖湿润的环境中。虽然在寒冷时节竹子还是可以生长繁茂，但其毕竟生性畏寒，这是为什么九河地区很少有竹子生长，而在五岭地区竹子则长势茂密的缘故。

戴凯之曾经采访熟悉旧事的老人，参考古籍，最终确定了五岭所在，即当时的南康郡、始安郡、临贺郡为北岭，临漳郡和宁浦郡地区为南岭。五岭界内有一条山岭阻隔了南北水流，称为分水岭，但两侧都有道路可以通到南越地区。所谓南越国是秦朝将灭亡时，由南海郡尉赵佗起兵兼并桂林郡和象郡后于约公元前203年建立的国家。

戴凯之仅根据他人栽种竹子的经验加上自己在赣南地区生活的经历作出了"九河鲜育，五岭实繁"的判断或许有失偏颇，但是也基本上描绘出了竹子的大致分布区域。

据现代科学研究，竹子具有很强的环境适应能力，在地球的分布范围大致为北纬46°到南纬47°之间，包括热带和亚热带的广大地区。而中国是世界竹子中心产区之一，是竹类资源最丰富、竹林面积最大、栽培历史最悠久的国家，共有竹类植物300多种，竹林约4万平方千米。我国的竹子主要分布在华南、西南地区及华东的福建、浙江、江西、台湾和华中的湖南、湖北等省。全国除新疆、内蒙古、黑龙江和吉林等北方省区外，各省区都有竹子生长。

> 萌笋苞①箨②，夏多春鲜。根干将枯，花筱③乃县④。
>
> 竹生花实，其年便枯死。筱，竹实也。筱音福。

> 筴⑤必六十，复亦六年。
>
> 竹六十年一易根，易根辄结实而枯死。其实落土复生，六年遂成町⑥。竹谓死为筴。筴音纠。

【注释】

①苞：通"包"，竹名。
②箨（tuò）：竹笋外层一片一片的皮，笋壳。
③箙（fù）：竹子开花后所结的果实，又称"竹米"。
④具：通"悬"，悬挂，吊挂。
⑤筴：竹子枯死。
⑥町：田亩，田地。

【解读】

　　这一段讲了竹笋、竹花和竹实。萌发的竹笋外表包裹着层层笋壳，虽然夏天有很多竹笋，但还是春天的竹笋最为鲜嫩。竹的根部和茎干快要枯萎的时候，竹子就会开花，竹花和竹实会挂满枝头。箙就是竹子的果实。竹子在开花结果之后，当年就会枯死。

　　竹笋就是竹子的幼芽，又称"竹牙""竹肉""竹胎"等。竹子的繁殖方式包括有性繁殖和无性繁殖两种。多数情况下，竹子通过地下茎的茎节萌芽进行无性繁殖，竹笋从地下茎（即竹鞭）处萌发出来，逐渐发育成新竹。它的外面包裹一层层的笋壳，即"箨"，就像包裹婴儿的襁褓。随着竹笋的拔节抽长，箨皮会逐渐脱落。只要几年时间，一根竹鞭就会衍生出一丛竹子，进而发展成茂密的竹林。竹笋是中国传统的食材，味香质脆，中国人食用竹笋有 2500 年至 3000 年的历史。只要水分和温度条件适宜，

江苏宜兴竹海

竹子一年四季都可生笋，不过只有春笋和冬笋味道最为幼嫩鲜美，成为制作美味佳肴不可或缺的材料。古代文人留下了许多歌咏竹笋美味的诗文作品，如宋代诗人杨万里的《晨炊杜迁市煮笋》：

金陵竹笋硬如石，石犹有髓笋不及。
杜迁市里笋如酥，笋味清绝酥不如。
带雨斫来和箨煮，中含柘浆杂甘露。
可斋可胘最可羹，绕齿蔌蔌冰雪声。
不须咒笋莫成竹，顿顿食笋莫食肉。

竹子也可以像其他有花植物一样进行有性繁殖，先开花，后结子，完成整个生长周期。不过，大部分竹子在整个生长过程中只开一次花，而且有一定周期，一般为 40 到 80 年不等，开花后秆叶枯黄，成片死去，地下茎也逐渐变黑，失去萌发力，结出的种子即所谓的"竹米"。也有少数竹子可以年年开花，开花后竹秆并不死亡，仍然可以抽鞭长笋。

　　竹子开花在我国古书中早有记载。《山海经》中就曾写道："竹六十年一易根，而根必生花，生花必结实，结实必枯死，实落又复生。"《晋书》中也有类似的记载："晋惠帝元康二年，草、竹皆结子如麦，又二年春巴西群竹生花。"因为竹子开花会消耗尽竹鞭和竹秆贮藏的养分，多数种类的竹子开花后地上和地下部分全部枯死，所以产竹区人们都将其视为死亡及不吉利的征兆，遇到竹子开花时，往往会立即将其砍掉，这也是为减少营养消耗，保证竹林正常生长。

　　鐘龙①之美，爰自昆仑②。

　　鐘龙，竹名。黄帝③使伶伦④伐之于昆仑之墟⑤，吹以应律。《声谱》⑥云"鐘龙大竹"，此言非大小之称。《笛赋》⑦云鐘龙，非也，自一竹之名耳。所生若是大竹，岂中律管与笛。

【注释】

①鐘龙：竹的一种，可用以做笛，亦作"鐘笼"或者"钟龙"。

②昆仑：昆仑山，位于今新疆、西藏之间，西接帕米尔高原，东延入青海境内，山势高峻，多雪峰冰川，是古代神话传说中重要的仙山。

③黄帝：是上古时代华夏族的部落联盟首领，姓公孙，后改姬姓，号轩辕氏、有熊氏，被尊为中华"人文初祖"。

④伶伦：相传为黄帝时代的乐官，是发明律吕据以制乐的始祖。

⑤墟：通"虚"，大山丘。文中指昆仑山阴。

⑥《声谱》：魏晋南北朝时期的音韵书，似指李概（gài）所作的《音谱》。

⑦《笛赋》：《长笛赋》，东汉经学家马融著，有"惟钟龙之奇生兮，于终南之阴崖"之句。

【解读】

　　钟龙竹之名得自昆仑山，钟龙也作"钟龙"。

　　传说中，黄帝命乐官伶伦在昆仑山阴砍伐到钟龙竹，用来制成管乐器，吹奏出的音乐符合黄钟公律。但《声谱》中说的"钟龙大竹"，指的不是竹子形体的大小。《笛赋》中提到钟龙竹也是指一种竹子的名称。如果钟龙竹长得太大，又怎么能用来制作笛子呢？

　　传说中钟龙竹与黄帝命令伶伦创作十二音律有直接的关系，因而其在中国古代音乐史上占有重要地位。相传黄帝主宰世界的时候，就有了音乐这一艺术。音乐在打仗、庆功、祭祀、娱乐等方面不可或缺。然而早期乐器声音单调、嘈杂，乐官伶伦奉黄帝之命不辞辛劳来到昆仑山脚下，用竹管制作的乐器奏出的声音富

竹制笛子

于变化，清脆悦耳，委婉悠长。他便让众人选择竹腔壁薄厚均匀的部分，制成一批长约三寸九分的竹管乐器。但经乐师演奏，其声音仍不理想。经过反复试验和琢磨，聪明的伶伦发现同样粗细的竹管，只要长短不同，发出的声音就不同。最后，伶伦和众乐师齐心协力，终于制成了一套由十二根竹管组成的精美乐器。这种竹子即籦龙竹。黄帝对伶伦的工作相当满意，便封他为全国的最高乐官。

因为伶伦制乐的传说，籦龙竹自古就非常有名。晋人沉怀远在《南越志》中写道："罗浮山生竹，皆七八围，节长一二尺，谓之钟龙。"唐代诗人张九龄《答陈拾遗赠竹簪》诗云："遗我钟龙节，非无玟瑶簪。"

员丘①帝竹，一节为船。巨细已闻，形名未传。

员丘帝俊②竹，一节为船。郭注③云："一节为船，未详其义。""俊"即"舜"④字假借⑤也。

【注释】

①员丘：古代神话中仙人所居的地方。

②帝俊：中国古代神话中的首领，他的事迹不为正史所载，只见于《山海经》中。

③郭注：东晋学者郭璞所作的《山海经注》。郭璞（276—324），字景纯，东晋著名学者，既是文学家和训诂学家，又是道学术数大师和游仙诗的祖师。他的《山海经注》是现存最早的《山海经》注本。

④舜：传说中的上古帝王之一，后被列入"五帝"之中。传说他姓姚，

水中的竹筏

名重华，以受尧的"禅让"而称帝，国号为"有虞"。

⑤假借：是汉字的造字方法之一，六书之一（其余是：象形、指事、会意、形声、转注）。

【解读】

帝俊也是商代殷民族所奉祀的天帝。他在北方的荒野有一片竹林，斩下竹的一节，剖开来就可以做船。这也就是人们说的员丘帝竹。《山海经·大荒北经》中曾记载："丘方圆三百里，丘南帝俊竹林在焉，大可为舟。"郭璞注释说："言舜林中竹一节则可以为船也。"也就是"竹一节间，可为舡也"，舡的音义都同船。但究竟什么样的竹子可以大得用来做船，郭璞也没有介绍清楚，给后人留下一个难解的谜团。以今天的眼光来看，一个竹节就造一条船似乎不太可能。不过南方地区自古就有将几根竹子并排捆扎起来制成竹筏的传统。竹筏不仅制作简便，而且体量轻，浮力大，在水上稳定性好，十分适宜在浅水河流中航行。

桂实一族，同称异源。

桂竹，高四五丈①，大者二尺②围，阔节大叶，状如甘竹而皮赤，南康以南所饶也。《山海经》云："灵原桂竹，伤人则死。"③是桂竹有二种，名同实异，其形未详。

【注释】

①丈：传统长度单位。十尺为一丈，南朝时的一丈相当于2.58米。

②尺：传统长度单位。南朝时期一尺相当于25.8厘米。

③"灵原"两句：《山海经·中山经》"中次十二经"记载："（洞庭山）又东南五十里，曰白云山，无草木。有桂竹，甚毒，伤人必死。"戴谱中的"灵原"，或指雾水之源，即今天的广西东北部地区。此处《山海经》郭璞注可能出现了窜误，导致戴凯之也出现了误记。

【解读】

桂竹其实是一个种类的名称，名称相同，本源却有差异。桂竹一般高四五丈，大的直径可达二尺左右，竹节长阔，竹叶宽大，外形像甘竹，不过竹皮发红，在南康郡以南地区生长茂盛。《山海经》上说的"灵原桂竹，伤人则死"，是说桂竹有两个品种，本质并不一样。看来作者对于云山桂竹的形态了解还不够详尽。

在印刷术尚未发明的古代，书籍的复制全靠抄写，在这个过程中经常会出现错漏误读的情况，给后世的注释和评论者带来很多麻烦。《山海经·中山经》"中次十二经"中的"云山""龟山"和"丙山"条是前后相序的关系，"云山"条记载了"桂竹"，恰好

竹谱

115

"丙山"条记载了"筀"竹，而"筀"与"桂"同音，极容易造成窜误。虽然几代学者出现错误的认识，但桂竹与筀竹是否为同一种竹类仍有待进一步探讨。

在元代李衎《竹谱详录·竹品谱·全德品》的"筀竹"条中不仅对其毒性只字未提，还记述了这种竹子的药用价值。由此可见筀竹是南方一种普通的竹子，说它"伤人则死"是没有根据的。而作者也在文中表述南康郡以南的桂竹与《山海经》中的云山桂竹，是两个名同实异的竹子品种。

根据现代科学研究，桂竹别名五月季竹、麦黄竹、小麦竹等，属于刚竹属，原产于我国中部以南的广大地区，东起江苏、浙江，西至四川，南至福建，北至河南均有分布。

> 簫①尤劲薄，博矢②之贤。
>
> 簫，细竹也。出《蜀志》③："薄肌而劲，中三续射博箭。"簫音卫，见《三仓》④。

【注释】

①簫：细竹名。又为箭名，《广雅·释草》："簫，箭也。"
②博矢：投壶所用的投箭。
③《蜀志》：指西晋常宽所撰《蜀志》，亦称《蜀后志》。
④《三仓》：是指汉代流行的《仓颉篇》《训纂篇》和《滂喜篇》3种教学童识字的字书。

《明宣宗行乐图》中的"投壶"场景

【解读】

　　箣竹是一种相对较细的竹类品种，虽然壁薄但是坚韧有劲，尤其适合做投壶的投箭。所谓投壶是古代士大夫宴饮时做的一种游戏，其方法是人们站在一定距离之外，将一支支箭投入细颈壶中。春秋战国时期的贵族宴会上，投壶十分流行。投壶所用的箭既没有羽，也没有镞，只将一头削尖。而壶一般为酒器，也有专用的壶，壶中装有小豆，防止"矢之跃而出也"。投壶一般在厅堂或庭院中进行，投者与壶相距约 20—30 米。宾主轮流投掷，每人各投 4 根箭，以投中多寡定胜负。

> 篁任篬①笛，体特坚圆。
>
> 　　篁竹。坚而促节，体圆而质坚，皮白如霜粉。大者宜行船，细者为笛。篁音皇，见《三仓》。

《修篁竹石图》李衎（元）

【注释】

①篙：撑船用的竹竿或者木杆。

【解读】

　　篁竹适合用来制作篙竿和竹笛，因为其竹秆特别坚硬圆滑。

　　篁竹质地坚硬，竹节较少，竹秆圆滑坚实，竹皮呈霜粉一样的白色。粗壮的篁竹可以制成撑船用的竹篙，而较为纤细的可制成竹笛。

　　篁竹在元代画家李衎的《竹谱详录》中又叫"麻竹"，生长在两广、两江地区。北宋僧人在《笋谱》中提到，篁竹生长在浙江和福建东部沿海地区，通往泉州地区的道路两旁布满了篁竹，每节可达八九尺长，用力捏按竹秆，青色的竹皮就会爆起，露出里面的白肉，也称为"竹麻"。

不过"篁竹"一词现在通常泛指竹林或竹子。

棘①竹骈②深，一丛为林。根如椎轮③，节若束针。亦曰笆④竹，城固是任。篾⑤笋既食，鬒发则侵。

棘竹，生交州诸郡，丛初有数十茎，大者二尺围，肉至厚，实中。夷人破以为弓，枝节皆有刺，彼人种以为城，卒不可攻。万震《异物志》⑥所种为藩落，阻过层墉⑦者也。或卒崩，根出大如十石⑧物，纵横相承如缪⑨车，一名笆竹，见《三仓》。笋味落人须发。

【注释】

①棘：指有刺的竹木。
②骈：原意是并列成双，这里指茂盛状。
③椎轮：原始的无辐车轮。"根如椎轮"相当于今天的合轴丛生型的竹子。
④笆（bā）：一种长刺的竹子。
⑤篾（miè）：劈成条的竹片，亦泛指劈成条的芦苇、高粱秆皮等。此处指棘竹的竹笋。
⑥《异物志》：是汉唐间一类专门记载周边地区及国家新异物产的

典籍。成书于汉末，繁盛于魏晋南北朝，至唐开始衰变，宋以后消亡。

⑦墉：城墙。

⑧石（dàn）：量词。古代重量单位，一百二十斤为一石。又为容量单位，十斗为一石。

⑨缫（sāo）：同"缲"，把蚕茧泡在沸水里抽丝。缫车就是缫丝所用的工具。

【解读】

棘竹并列生长，茂盛而幽深，一丛竹子就能长成竹林。其竹根就像椎轮一样，竹节之间长着束针一样的小刺。此竹又叫"笆竹"，可以用来加固城防。可是如果吃了棘竹的竹笋，会致人掉发。

棘竹生长在交州各郡，竹丛开始时有数十株，粗壮的一丛有二尺见围，肉厚而实心，当地人将其劈开做成弓。由于其竹节都带有小刺，当地人还种植棘竹来加固城防。万震的《南州异物志》中说，将此竹种植成藩篱，可以阻人通行，层层叠叠，如同城墙。有的棘竹枯死后倒下来，竹根被挖出来有十石重，交织盘结，就像缫丝的缫车。

文中所说棘竹是一种竹节带刺的竹子，俗称"刺竹"，因为南方称刺为笏（lè），所以得名"笏竹"。这种竹子属于高大竹类，常常不是独生，而是数十株丛生。对于棘竹，在古代文献中有一些记载，宋人胡寅《新州竹城记》中有："且方言刺竹曰笏竹，盖岭南谓刺竹云。"范成大的《桂海虞衡志》中也说："笏竹，刺竹也，芒棘森然。"《皇华纪闻》载："广州多笏竹，其节多刺，田家僧舍植为藩篱，《酉阳杂俎》以为棘竹。"明代的《广东通志·物产》中载："笏竹多刺，土人用为藩篱，近交趾境尤多。"由此可见，棘竹因多刺而常用来作为篱笆，多种植在中越边界。

单体虚长，各有所育。

单竹，大者如腓①，虚细长爽。岭南夷人取其笋未及竹者，灰煑②，绩③以为布，其精者如縠④焉。

苦实称名，甘亦无目。

苦竹。有白、有紫，而味苦。甘竹似篁而茂叶，下节味甘，合汤用之。此处处亦有。

【注释】

①腓（féi）：胫骨后的肌肉，亦称"腓肠肌"，就是俗称的小腿肚子。
②煑（zhǔ）：同"煮"。灰煮就是用灰水沸煮。
③绩：把纤维披开，搓捻成线或绳。
④縠（hú）：古代一种质地轻薄透亮、表面起皱的平纹丝织物。

【解读】

单竹体内中空，形态修长，在各地都有生长。

粗壮的单竹和人的小腿肚子差不多，细而修长。岭南当地人挖出还未长成竹子

竹根雕伏虎罗汉像（清）

的竹笋，用灰水煮过之后，绩纺成布，其中纺得精细的就像带皱的绢纱。

苦竹竹如其名，以苦著称，且纹理纠结不顺，与之相较，甘竹则纹理通顺。

苦竹是一种野生竹种，有白苦竹、紫苦竹，笋子味道苦涩，苦竹是优良的笋材两用竹。一般来说新鲜苦竹竹笋味苦带甜，且利用率很高，嫩叶、嫩苗、根茎等均可药用。

　　据《竹谱详录》记载，苦竹共有22种，其中长在北方的有两种：一种竹节稀疏，材质坚硬；另外一种外表与淡竹没有什么差异。戴凯之只介绍了白苦竹和紫苦竹两种，其实还有黄苦竹和青苦竹。除此之外，现代竹子分类中还有宜兴苦竹、硬头苦竹、高舌苦竹、衢县苦竹、垂枝苦竹、长叶苦竹、斑苦竹、秋竹、短穗竹、大黄苦竹、小黄苦竹、肿节竹、黄条金刚竹、烂头苦竹，等等。

　　与苦竹相对，书中还提到了甘竹，亦称"甜竹"。其外表像篁竹，只是叶子更繁茂。甜笋味道极为甘美，旧时归属朝廷司竹监管制，因此普通人很少能够品尝到。

　　弓竹如藤，其节郄①曲。生多卧土，立则依木。长几百寻②，状若相续。质虽含文，须膏③乃缫④。

　　弓竹，出东垂诸山中，长数十丈，每节辄曲。既长且软，不能自立，若遇木乃倚。质有文章⑤，然要须膏涂火灼，然后出之。篾卧竹上出也。

【注释】

①郄：同"郤"，也作"隙"，空隙，裂缝。
②寻：古代长度单位，八尺为一寻。

③膏：动词，涂抹脂膏。

④缛：繁密的彩饰。

⑤文章：错杂的色彩或者花纹。

【解读】

　　弓竹的外表像藤本植物，竹节扭曲歪斜。刚刚萌发的时候，弓竹多贴着地面生长，长大后则依靠其他树木攀缘而立，长度可达几百寻。弓竹本身虽然带有一些花纹，但必须涂抹油膏再经火烤之后才能显现出来。

　　弓竹产自东部浙闽沿边山中，最长可达数十丈，每节都是弯曲的。其竹秆长得又长又软，无法自己挺立，遇到树木就会倚靠上去。因质地柔软，每节都能弯曲，能撑紧布面，常做刺绣或织补用的绷子。

　　看到弓竹的名字，或许有人会以为此竹主要用来做弓，其实不然。用以制作弓臂主体的木材有很多种，《考工记》中注明："干材以柘木为上，次有檍木、柞树等，竹为下。"制作弓体的材质应该坚韧无比，不易折断，才能达到射程远、杀伤力大的目的。南方弓与北方弓在材质上明显不同，南方多用竹子，竹子虽然柔韧性好，但是不够坚实，而北方，特别是东北一带尤其以硬实木为主。弓质的优良或许会令一支军队轻易地占有先机。

　　厥①族之中，苏麻特奇。修干平节，大叶繁枝。凌群独秀，蓊茸②纷披③。

　　苏麻竹，长数丈，大者尺余围，概节多枝，

丛生四枝，叶大如履，竹中可爱者也。此五岭左右遍有之。

【注释】

①厥（jué）：代词，其。

②蓊茸：茂盛的样子。

③纷披：杂乱而散散落落。

【解读】

在竹子的诸多品类中，苏麻竹比较奇特，其竹秆修长，竹节扁平，叶子宽大，枝丫繁多，高耸茂密。苏麻竹长的可达数丈，粗壮的直径可达一尺多，节少而枝多，竹叶如同鞋子大小。这种竹子主要生长在五岭地区。

苏麻竹竹根蟠节大，整丛竹子如团花簇锦。此竹竹秆厚实而坚硬，可削作弓弩，而大者则可作茅屋椽梁，可长至30多米高，是全世界最高的竹子。

筼筜、射筒，箖箊①、桃枝。长爽纤叶，清肌薄皮。千百相乱，洪细有差。

数竹皮叶相似。筼筜最大，大者中甑②，笋亦中。射筒，薄肌而最长，节中贮箭，因以为名。箖箊叶薄而广，越女试剑③竹是也。桃枝是其中最细者，并见《方志赋》。桃枝皮赤，编之滑劲，可以为席，《顾命篇》④所谓"筱席"者也。《尔雅·释草》云："四寸一节为桃枝。"郭注云："竹四寸一节为桃枝。"余之所见桃枝竹，节短者不兼寸，长者或逾尺，豫章⑤遍有之，其验不远也。恐《尔雅》所载草族，自别有桃枝，不必是竹。郭注加"竹"字，取之谬也。《山海经》云："其木有桃枝、剑端。"⑥又《广志·层木篇》云：桃枝出朱提郡⑦，曹爽⑧所用者也。"详察其形，宁近于木也，但未详《尔雅》所云复是何桃枝耳。《经》《雅》所说二族，决非作席者矣。《广志》以藻为竹，是误。后生学者往往有为所误者耳。

【注释】

①箖箊（lín yū）：竹名，叶薄而大。
②甑（zèng）：是中国古代的蒸食用具。
③越女试剑：相传是春秋战国时期一位越国女子从白猿身上领悟的一套剑法。后来人们就以越女剑法来称呼这套剑法。
④《顾命篇》：指《尚书·周书·顾命》："牖（yǒu）间南向，敷重筱席。"

⑤豫章：古代区划名称，大致相当于今江西省南昌市地区的地理单元。
⑥"《山海经》云"一句：《山海经·中山经》"中次八经"有"骄山……其木多松、柏，多桃枝、钩端"，又"龙山……其草多桃枝、钩端"。
⑦朱提郡：治在今云南省昭通市。
⑧曹爽（？—249）：字昭伯，沛国谯县（今安徽亳州）人，三国时期曹魏宗室、权臣，大司马曹真之子。

【解读】

　　筼筜、射筒、篥簩、桃枝这四种竹子都修长清爽，竹叶纤细，茎壁清瘦、箨皮薄嫩，一般丛生交错在一起，粗细各有差异。

　　这几种竹子的笋皮和竹叶都比较相似，筼筜是四种中最大的，较大的像瓦甑一样粗，它的笋也有甑那么大。这是一种皮薄、节长而秆高的生长在水边的大竹子。有人通过考证大量相关文献得出结论，"筼筜竹"高应为 7 米以上，围径应是 34.5 厘米（直径约 11 厘米），节间长应是 1.38 米。以此标准来衡量，在现在称之为"大竹子""巨竹"实不为过。曹毗的《湘中赋》"竹则筼筜白，乌，实中，绀族"指出了筼筜竹是一种白（皮）竹子，相关记载又进一步推断筼筜竹的表面应覆盖有一层白色粉末状的东西，而且该竹"叶疏而大"。

　　射筒竹的竹壁薄而茎秆最长。《异物志》曰："……射筒竹，细小通长，长丈余，亦无节，可以为射筒。"对于射筒竹究竟因何得名，则是一个有争议的话题。有人认为射筒竹因细长且竹节不明显适合做箭杆，因此得名，包括戴凯之也这么认为。而在《竹谱详录》里记载，弓箭手用一种特殊的办法将射筒竹的竹节打通，里面安放独特的箭支，然后从根端用力吹气，箭就发射出去了。这种弓箭也就是古人说的箻（lǜ）筒，一种射鸟的竹筒。《吴都赋》云："其竹射筒。弋人有脩竿通其节，箭安其内，从本吹之，古人所谓

竹谱

箄筒以射鸟者也。"

　　箖箊竹的出名恐怕越女（或称赵处女）功不可没。关于越女剑的传说悠远，散见于正史和野编，最早、最详尽的记载是东汉赵晔的《吴越春秋》，在后来的《艺文类聚》及《剑侠传》中亦有记载，小说《东周列国志演义》中也有。

　　《吴越春秋》中有这样的记载：越王勾践卧薪尝胆准备报仇，范蠡向他推荐南林越女以训练士兵的剑戟之术。越女遂应聘北上去见越王。在半路上遇到白猿化身的袁公比试剑法，以箖箊竹将其战败，顺利北上。越王见到她，向她征询剑法，越女表示自己不求闻达于诸侯，只是出于喜好，因而剑道能够自然天成。越女的剑道讲究内心戒备，外表安静坦然，看似温柔实则迅速作出反应，剑法又率性自然，不拘泥法度，达到人剑合一的境地。越王即加号曰"越女"，命人习越女剑并传授给军士。

　　在这里箖箊竹充当了宣扬哲学的道具，越女以《易》理、《老子》思想及《孙子兵法》之战理论剑，从理论到技术、战术及心理等方面论述击剑要领，阐明了剑艺中动与静、快与慢、攻与防、虚与实、强与弱、先与后、内与外、逆与顺、呼与吸、形与神等辩证关系，论述了内动外静、后发先至、全神贯注、迅速多变、出敌不意等搏击的根本原则。

　　桃枝竹，亦作"桃支竹"。关于桃枝竹有诸多记载，《尚书·顾命》中有"敷重篾席"之句，孔传解释道："篾，桃枝竹。"可见，桃枝竹常用来制作篾席。特别是张得之《竹谱》里提到"桃枝竹，叶如椆，节四寸，皮黄滑可为簟"。由此可见，古人对桃枝竹是非常关注的，留下了很多记载，其中尤以桃枝簟席闻名天下。范成大的《桂海虞衡志》载："桃枝竹多生石上，叶如小棕榈，人以大者为杖。"指出桃枝竹一般喜好丛生，且可以用来做拐杖。

相繇①既戮，厥土维腥。三堙②斯沮③，寻竹乃生。物尤世远，略状传名。

禹杀共工④、相繇二臣，膏⑤流为水，其处腥臊，不植五谷。禹三堙皆沮，寻竹生焉。在昆仑之北有岳之山，见《大荒北经》⑥中。

【注释】

①相繇（yóu）：也作"相柳"，传说中是水神共工的部下，蛇身而九首，所到之处皆被他吃得一干二净，并且将土地化为沼泽。

②堙（yīn）：堵塞。

③沮（jǔ）：低而潮湿的地带。

④共工：上古传说中共工氏族的首领，也是掌控洪水的水神。

⑤膏：油脂，《山海经》原文中指血。

⑥《大荒北经》：指《山海经·大荒北经》。

【解读】

文中讲到，当年共工的部下相繇被大禹所杀之后，他的血液化为洪水四处横流，流经的土地腥臭难闻，五谷不生。大禹曾经三次筑堰来阻拦，结果都因地陷而塌毁了。而寻竹就是从这种地方生长出来的。《山海经·大荒北经》记载："有岳之山，寻竹生焉。"郭璞注曰："寻，大竹名。"

关于寻竹的记载，历来学者仁者见仁智者见智。但经多方考证，现在基本可以确认，作者将相繇与寻竹联系在一起，是由句读误读而导致的理解错误。

根据《山海经·大荒北经》的记载，相繇蛇身九头，他的唾液可

以形成剧毒的沼泽，散发的臭味甚至能杀死路过
的飞禽走兽。相繇随同共工发洪水伤害百姓，却
遭遇一心治水的禹。在应龙和群龙的帮助下，
禹打败了水神共工，把他赶回了天庭，又诛杀
了罪恶难赦的相繇。相繇被杀后流了很多血，
腥臭无比，血流过的地方不能种任何庄稼；
他待的地方是一个多水的沼泽地，人们无法
在此居住。戴凯之在文中所描述的众帝之台
在"昆仑之北"是与大禹杀死相繇联系在一
起的，而"有岳之山，寻竹生焉"则应当是
一条独立记载，应该与禹杀相鲧没有必然联系。

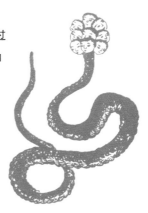

《山海经》中的相繇

　　若寻竹与相繇并无实际关系，那么寻竹到底是什么样的竹子
呢？《山海经》并没有详细的记载，但《海外北经》中提到一种"寻
木"，"长千里，在拘缨南，生河上西北"。由此推测，寻竹也可
能是一种非常绵长的竹子。

> 般肠实中，与笡相类。于用寡宜，为笋殊味。
> 般肠竹，生东郡缘海诸山中，其笋最美，云
> 与笡竹相似，出闽中。并见《沈志》①，其形未详。

【注释】

①《沈志》：又叫《临海水土异物志》或者《临海水土志》，三国

时期东吴临海郡太守沈莹著，约成书于太平、天纪年间（257—280），是世界上最早记录台湾的文献之一。

【解读】

般肠竹是实心的，与笆竹类似，生长在东郡沿海的群山中，笋子味道非常鲜美。这种竹子似乎在文献资料中并没有过多的记载，其外形特征已经不可得知，但是在《竹谱》中，谈到了般肠竹笋味道极美，这引起了一些文人学者的关注。

《笋竹图》原济（清）

竹笋是中国传统佳肴，味香质脆，食用和栽培历史极为悠久。《诗经》中就有"加豆之实，笋菹鱼醢""其籁伊何，惟笋及蒲"等诗句，表明了人们食用竹笋已有2500年至3000年的历史。

古代的文人雅士对于竹笋也情有独钟，苏东坡笔下的竹笋就有"竹萌""竹雏""箨龙"等称，并在咏笋诗中屡有所见，如："故人知我意，千里寄竹萌。"唐太宗喜啖竹笋，每当春笋上市，总要召集群臣吃笋，谓之"笋宴"。宋代赞宁还编著了一部《笋谱》，总结了历代流传的采笋、煮笋经验。

筋竹为矛，称利海表①。槿②仍其干，刃即其
杪③。生于日南④，别名为篺⑤。

筋竹，长二丈许，围数寸，至坚利，南土以
为矛，其笋未成竹时堪为弩弦，见徐忠《南中奏》。
刘渊林⑥云："夷人以史叶竹为矛，余之所闻，即
是筋竹。"岂非一物而二名者也。

【注释】

①海表：犹海外。古代指中国四境以外僻远之地。
②槿（jǐn）：柄。《玉篇·木部》："槿，柄也。"
③杪（miǎo）：树枝的细梢，这里指竹梢。
④日南：日南郡，在今越南中部地区，治西卷县（今越南广治省东
　河市）。
⑤篺（piǎo）：亦称"筋竹"，竹秆坚硬厚实，可做矛。
⑥刘渊林：刘逵（1061—1110），宋徽宗时任中书侍郎。

【解读】

　　筋竹制成的矛锋利无比，在海外地区也闻名遐迩。矛柄就是竹
秆，矛刃就是竹稍。此竹生长在日南郡，别名又叫"篺竹"，长约
二丈，茎粗的直径可达数寸，非常坚硬。南方地区不仅用其制矛，
而且未长成的竹笋还可以做弩的弦。

　　李衎在《竹谱详录》中将筋竹列为"全德品"，也就是称其分
布广泛，在云、浙、闽、广一带，随处可见。筋竹外形普通，但应
用广泛。因为其竹节稀少，枝叶短小，竹秆皮薄，非常坚韧。《异

物志》曾记载："篾竹，大如戟槿，实中劲强，交阯人锐之为矛，甚利。"

竹子在武器发展史上曾经起过非常重要的作用，从竹弓、竹箭到抛石机，人们所熟知的弓箭一类，尤其是弓弦，一般都是用竹子。许多箭矢也是用竹子所制，尤其是南方。宋代时火器逐渐运用于战争，火药箭、竹管火枪等都离不开竹子。

百叶参差，生自南垂。伤人则死，医莫能治。亦曰篞[1]竹，厥毒若斯。彼之同异，余所未知。

百叶竹，生南垂界，甚有毒，伤人必死。一枝百叶，因以为名。《沈志》刘渊林云："篞竹有毒，夷人以刺虎豹，中之辄死。"或有一物二名，未详其同异。

【注释】

①篞（páng）：竹名。

【解读】

百叶竹的枝叶参差错落，一枝生有百叶，因而得名，生长在南方边陲。其毒性很强，伤到人就会致死，没有医药可以救治。也有的地方称其为"篞竹"。《临海异物志》中刘渊林注解道："篞竹有毒，当地土著人常用其来猎杀虎豹，被刺中的野兽必死无疑。"

古人很早就关注百叶竹。唐代《酉阳杂俎》也提到："百叶竹，一枝百叶，有毒。"但是百叶竹究竟与筹竹是否为一物二名，作者无法给出明确的回答。而且根据当代的科学研究，并未发现有毒的竹子品种。

　　篃①与由衙，厥体俱洪。围或累②尺，篃实衙空。南越③之居，梁柱是供。

　　篃实厚肥，孔小，几于实中。二竹皆大竹也，土人用为梁柱。篃竹，安成④以南有之，其味苦，俗号篃。由衙竹，《交州广志》云："亦有生于永昌郡⑤，为物丛生。"《吴郡赋》所谓"由衙者篁"⑥。篃音雹，性柔弱，见《三仓》。

【注释】

①篃（báo）：竹名。

②累：积累，引申为合计。

③南越：指今广东、广西和越南北部一带。

④安成：古郡名，治在今江西新余一带。

⑤永昌郡：治在今中国云南省西部或四川省东部。

⑥由衙者篁：这一句抄刻过程中错讹较多，难以疏通理解。根据戴凯之所处的时代和前后文推测，《吴郡赋》应为《吴都赋》；其二《吴都赋》有"由梧有篃，篆筡有丛"可知"由衙者篁"应为"由梧有篃"。此处的"篁"是竹园之意。

【解读】

　　篃竹和由衙竹都是体型巨大的竹子品种，生长茁壮的竹秆直径能达一尺。篃竹竹壁厚实，中间的孔洞很小，近似实心。而由衙竹则是空心。南越地区房屋的梁柱多是用这两种竹子制成。不过篃竹的笋子味道苦涩，不能食用。据汉代杨孚《异物志》记载："有竹曰篃，其大数围，节间相去局促，中实满坚强，以为屋榱（cuī），断截便以为栋梁，不复加斤斧也。"如此可知，篃竹直接可以用作房屋的栋梁之材。

　　由衙竹，据《竹谱详录》的说法，又名篱竹、笆竹、梧竹，主要生长在安南地区，其外观像猫头竹，但是竹叶偏小，又有点像淡竹。一般来说由衙竹每段竹节只生三枝，并且都圆满修长，坚硬厚实。而且随着竹子年龄的增长会长出竹刺。幼龄的由衙竹一般上半部发枝比较分散，随着竹龄渐增，接地的部分开始生横枝，而且还有刺，等接近衰老的时候竹梢和枝干上都生有尖刺，可以用来当作篱笆，所以又名"篱竹"或"笆竹"。

　　竹之堪杖，莫尚于筇①，磥砢②不凡，状若人功。岂必蜀壤，亦产余邦。一曰扶老，名实县同。

　　筇竹，高节实中，状若人刻，为杖之极。《广志》云："出南广③邛都④县。"然则邛是地名，犹高梁堇⑤。《张骞传》云："于大夏见之，出身毒国，始感邛杖，终开越巂，越巂⑥则古身毒⑦也。"⑧张孟阳⑨云："邛竹出兴古⑩盘江县⑪。"《山海经》谓之扶竹，生寻伏山。去洞庭西北一千一百二十里。《黄图》⑫云，华林园有扶老三株。如此则非一处，赋者不得专为蜀地之生也。《礼记》曰"五十杖于家"、"六十杖于乡"者，扶老之器也。⑬此竹实既固杖，又名扶老，故曰名实县同也。

【注释】

①筇（qióng）：竹名，亦作"邛竹"。

②礌砢（lěi luǒ）：形容树木多节。礌，同"磊"。

③南广：南广郡，古代郡名，治所在今云南省盐津县。

④邛都：古代地名，位置在今四川省西昌市东南。

⑤堇：多年生草本植物，古代认为可以入药。

⑥越巂：西汉旧郡。建兴元年（223）治安上县，延熙二年（239）还治邛都。

⑦身（yuān）毒：是古代对今印度国名的音译。

⑧"《张骞传》云"句：《史记·大宛列传》及《汉书·张骞传》皆载：张骞"在大夏时见邛竹杖、蜀布。……大夏国人曰，吾贾人往市之身毒国"。

⑨张孟阳：张载，北宋哲学家，理学创始人之一，程颢、程颐的表叔，理学支脉——关学创始人，封先贤，奉祀孔庙西庑第38位。

⑩兴古：古郡名，辖境约包括今天云南东南部通海、华宁、弥勒、丘北、罗平等县以南地区，广西西部及贵州兴义市地。

⑪盘江县：刘渊林注解左思《蜀都赋》"邛竹缘岭"时说"邛竹，出兴古盘江以南"，无"县"字。

⑫《黄图》：又名《三辅黄图》《西京黄图》。古代地理书籍，作者佚名。

⑬"《礼记》曰"句：周代敬老养老的政策规定：年过五十可以在家拄拐杖，六十可以在乡拄拐杖。

邛竹林（图片提供：微图）

【解读】

　　作者在文中认为，竹子中最适宜做手杖的莫过于筇竹了。筇竹的竹节很多，中间的孔洞较小，就像是经过人工加工一样，是制作手杖的绝好材料，因此又名"扶老竹"，可谓名副其实。《广志》里说邛竹出自南广郡邛都县，不过"邛"是地名，就像高梁菫的"高梁"是地名一样。《汉书·张骞传》中说，张骞曾在西域的大夏国见到过邛竹手杖，当地人说是从身毒贩运而来，他由此才得知从西南方经过身毒可以抵达大夏，上奏朝廷开辟了越嶲之路。西晋文人张孟阳曾说，邛竹产自兴古郡盘江县。而《山海经》中将此竹称为"扶竹"，生长在寻伏山。《三辅黄图》中也记载，华林园里种有三株扶老竹，看来此竹并不是只产于蜀地。

　　筇竹，又叫"罗汉竹"，是西南地区特有竹种，其竹节膨大，形态奇特，为优良的观赏竹种，常用于制作园林小品、盆栽或盆景。筇竹也是著名的笋用竹种，笋肉厚质脆，味道鲜美。

洗濯如玉娟々
巖流山僧歸杖
驚身鳥歐唱
玉産

吕
纪

筇竹在古代最重要的用途就是制作手杖。东晋王羲之在给当时任益州刺史的周抚的书信中说："去夏，得足下致筇竹杖，皆致此，土人所有尊老者，皆即分布，今足下远惠。"后来在与其他人的书信中他又提到此事时说："周益州送此筇竹杖，卿尊长或须此今送。"（《淳化贴法书要》）筇竹杖后来甚至成为"拐杖"的代名词。如《西游记》第十四回中写道："那里面有一老者，扶筇而出。"历史上也有多位文人雅士赋诗称赞过筇竹杖。如唐代大诗人杜甫的《送梓州李使君之任》诗云："老思筇竹杖，冬要锦衾眠。"宋代黄庭坚在被贬入蜀后，曾多次著文称赞筇竹具有扶危济困的精神。他在《筇竹颂》中说："君子遗我，扶于涧珂。"《筇竹杖赞》中写道："屈曲而有直体，能独立于霜之后。……涪翁履危，心如铁石。"还有《筇竹杖诗》云："生来节更高，故有扶危力。"

筇竹之所以在古代受到重视，一是因为筇竹突出了竹类的优点：首先是节高。由于节高，外观上突显出一种竹类特有的美感，被人喻为"高洁"。其次，筇竹竹壁相对较厚，中孔较小，因而结实耐用。二是筇竹的粗细及重量适中，比木质藜杖轻巧，便于长时间手握，具有庄重、严肃、质朴风貌。

> 箖、箊①二族，亦甚相似。杞②发苦竹，促节薄齿。束物体柔，殆同麻枲③。
>
> 箖、箊二种，至似苦竹，而细软肌薄。箖笋

亦无味，江汉间谓之苦䉛。见《沈志》。䉛音聊。
篷音礼，齿有文理也。

【注释】

①䉛（liáo）、篷（lǐ）：竹名。
②杞：指杞柳，杨柳科落叶灌木。
③枲（xǐ）：大麻的雄株，不结实。也泛指麻。

【解读】

　　䉛竹和篷竹这两种竹子非常相似，外形像苦竹，而更加纤细柔软，茎壁比较薄，竹节间的距离比较短，而环节上长有秆芽。这两种竹子的茎秆十分柔韧，可以用来捆扎东西，就像麻一样。䉛竹的竹笋没什么味道，江汉地区称为"苦䉛"，人们一般不去吃它。

　　《竹谱详录》中说，䉛竹又叫"簳竹"，长得较粗的也不过如箭杆粗细，而较小的簳竹细如笔杆，高度也不过五到七尺。竹叶有一两寸宽，一尺长。古代一些山水画家喜欢在湖石旁边画上几竿簳竹，以起到衬托主景的作用。

　　　　盖竹所生，大抵江东①。上密防露，下疏来风。
连亩接町，竦②散岗潭。

盖竹亦大，薄肌白色，生江南深谷山中，不闻人家植之，其族类动③有顷亩。《典录④·贺齐⑤传》云："讨建安贼洪明于盖竹。"盖竹以名地，犹酸枣⑥之邑，豫章⑦之名邦者类是也。

【注释】

① 江东：长江以东，所指区域有大小之分，小可指南京一带，大可指安徽芜湖以下的长江下游南岸地区，即今苏南、浙江及皖南部分地区。

② 竦（sǒng）：原意是伸长脖子、提起脚跟站着，此处指竹林耸立。

③ 动：动辄。

④ 《典录》：指《会稽典录》，东晋经学家虞预所作，是一部会稽地方人物志，凡二十篇，已佚。

⑤ 贺齐（? － 227）：字公苗，三国时期吴国名将。

⑥ 酸枣：春秋时期郑国邑名，地在今河南延津西南。

⑦ 豫章：原为古代树名，属于樟类。春秋时成为地名，范围大致在淮河以南、长江以北。

【解读】

盖竹所生长的地方大体是在江东。这种竹子的竹丛上层密密层层，可以挡住雨露，下部却较为宽疏，利于通风。生长起来连片成亩，散布在山冈水边。

盖竹也是一种大竹，竹壁较薄，里面为白色。此竹生长在江南地区的山谷之中，没听说有人家种植的。

盖竹是因形而得名的一种竹子。《竹谱详录》中也说，盖竹主要产于江浙地区山谷之间，枝叶茂密，外形像伞盖一样，因此得名。盖竹于历史上也是地名，与贺齐征服贼寇洪明等有关。东汉建安八年（203），会稽郡南部建安、汉兴、南平等地的强族首领洪明、洪进、苑御、吴免、华当等起兵反对孙权，此五将领各率万余人在汉兴一带形成多梯队、多层次的纵深布防。孙权命南部都尉贺齐前往征服叛贼，各县出五千兵卒，统归贺齐指挥。贺齐亲率主力攻打洪明等部，连连大败洪明等将，并临阵斩杀洪明，迫使洪进、吴免、苑御、华当四将全部投降。贺齐又乘胜率军打败驻扎在盖竹的吴五，然后军锋又转向大潭打败山越军，迫吴五、邹临也投降。贺齐杀山越军六千人，并且俘获了山越全部名将，收编精兵万余，恢复了原设县邑，稳定了统治秩序。孙权拜贺齐为平东校尉。

> 鸡胫似篁，高而笋脆。稀叶梢杪，类记黄细。
>
> 鸡胫，篁竹之类，纤细，大者不过如指，疏叶、黄皮、强肌，无所堪施。笋美，青斑色绿。沿江山岗所饶也。
>
> 狗竹有毛，出诸东裔①。物类众诡，于何不计。
>
> 狗竹，生临海②山中，节间有毛。见《沈志》。

142

【注释】

①东裔：东部边远的地方。

②临海：古代郡名，辖今浙江省台州市、温州市、丽水市全部及闽北一部。

《竹石图》郑燮（清）

【解读】

鸡胫竹和狗竹都是外形比较独特的竹子，且命名都与动物有关。

鸡胫竹近似于篁竹，茎秆比较高，竹笋脆嫩，竹叶稀而竹梢尖。此竹枝干纤细，粗的也不过如手指肚粗细。外皮微黄色，肌理强韧。鸡胫竹的竹笋外观很美，绿色的竹笋上有青色的斑纹。此竹在江边的山冈上生长最为茂密。

狗竹的竹节之间长有毛刺，生长在东部沿海的边远之地。《竹谱详录》中描述狗竹有三寸粗，竹笋三月份成熟，可以食用。

有竹象芦，因以为名。东瓯①诸郡，缘海所生。

肌理匀净，筠②色润贞。"凡今之篪③"，匪④兹不鸣。

此竹肤似芦，出扬州⑤东垂诸郡，浙江以东为瓯越，故曰东瓯。苏成公⑥始作篪，似于今篪，故曰"凡今之篪"。

【注释】

①东瓯：又叫东越或瓯越，古代王国，又称东海王国，即今温州一带。
②筠（yún）：竹子的青皮。
③篪（chí）：又作"篪"，是古代的一种竹制的吹管乐器，类似笛子。
④匪：同"非"，表否定。
⑤扬州：此处指古代九州之一的扬州，范围包括今江苏、上海、安徽、江西、浙江、福建大部以及广东、湖北、河南部分地区，比今天的扬州范围要广得多。
⑥苏成公：春秋时苏国国君，己姓，子爵，曾经是周朝的三公。

【解读】

有一种竹子形态长得像芦苇，因此得名芦竹，主要生长在东瓯诸郡的沿海地区。其茎直立挺拔，叶片宽大鲜绿，肌理匀称，且竹皮色泽水润。

芦竹又称"荻芦竹""江苇""旱地芦苇"，据《竹谱详录》记载，芦竹"叶阔而利"，竹笋味道有点苦，但是可食用。芦竹可以用来制作管乐器，文中提到的"篪"就是横吹的竹管乐器。

会稽之箭，东南之美。古人嘉之，因以命矢。

箭竹，高者不过一丈，节间三尺，坚劲中矢。江南诸山皆有之，会稽所生最精好。故《尔雅》云："东南之美者，有会稽之竹箭焉。"非总言矣，大抵中矢者虽多，此箭为最。古人美之以首，其目见《方言》①。是以楚俗②□□伯细箭五十，跪加庄王③之背，明非矢者也。

【注释】

①《方言》：《辎轩使者绝代语释别国方言》，简称《方言》，是汉代训诂学的工具书，也是中国第一部汉语方言比较词汇集。作者是著名学者扬雄（前53—18）。

②"是以楚俗"句：此句缺两字。

③庄王：楚庄王（？—前591），春秋时期楚国最有成就的君主，春秋五霸之一。不过从"细箭加背受笞"一事看来，此处指的应是楚文王，而非楚庄王。

【解读】

会稽郡所产的箭竹，号称东南地区最好的竹材，古人常常用来制作箭矢。箭竹高不到一丈，每节长度三尺左右，质地坚韧，十分适合制造箭矢。这种竹子在江南的山间都有生长，而以会稽郡所产为最好。所以《尔雅》说："东南最精美的物产，就是会稽的箭竹。"这并不是说全部的箭矢都是竹质的，适合造矢的材料很多，尤以箭竹为佳。

北京紫竹院的箭竹（图片提供：FOTOE）

　　戴凯之提到，"箭竹"以其材质使得人们渐渐将"矢"的本意弃而不用，用"箭"来代替"矢"。宋代科学家沈括在《梦溪笔谈·谬误》中也说："东南之美，有会稽之竹箭。竹为竹，箭为箭，盖二物也。今采箭以为矢，而通谓矢为箭者，因其箭名之也。"箭与矢本来是两种不同的事物，人们之所以通常称矢为箭，就是以箭竹为材料制作的矢闻名天下的缘故。

箘簬①载箭，贡名荆鄙②。

箘、簬二竹，亦皆中矢，皆出云梦之泽③。《禹贡》篇"出荆州"④，《书》云"厎⑤贡厥名"，言其有美名，故贡之也。大较⑥故是会稽箭类耳。皮特黑涩，以此为异。《吕氏春秋》云"骆越⑦之箘"，然则南越亦产，不但荆也。

【注释】

①箘簬（jùn lù）：亦作"箘簬""箘露"，竹子的品种名。
②荆鄙：指荆州，古九州之一，范围大致包括今湖北、湖南两省，也有河南、贵州、广州、广东等省的部分地区。
③云梦之泽：又称云梦大泽，是江汉平原上的古湖泊群的总称。
④"禹贡"句：《尚书·禹贡》记载："荆及衡阳惟荆州……惟箘簬、楛，三邦厎贡厥名。"西汉经学家孔安国作传曰："箘、簬，美竹……皆出云梦之泽。"
⑤厎（dǐ）：四库本"厎"作"底"，代词，相当于"这"或者"此"。
⑥较：副词，表示一定程度，相当于"略"、"稍微"。
⑦骆越：又作"雒越"，因垦食"雒田"和岭南地区多"骆田"而得名。

【解读】

箘簬竹是上古典籍中记载过的竹子，箘竹和簬竹（或者是一种竹子）都出产于云梦泽中，也都适合用来造箭矢，与箭竹属于同一种类。比如《山海经·中山经》"中此十二经"记载："又东南一百八十里，曰暴山，其木多棷（zōng）、柟（nán）、荆、芑（qǐ）、竹、箭、箘……"不过对于箘簬竹究竟是什么样的竹子，历代学者多有不同认识，一般认为其秆长节稀，适合做箭秆。不过，唐代徐坚编撰的《初学记》中记载"箇箖"是适合于做箭囊的竹子，见解显然不同。

既然对于箇箖竹的记载不甚明确，那么它们生长的地方——云梦泽又是哪里呢？云梦泽，又称"云梦大泽"，是中国古代最大的淡水湖之一，位置在今湖北省的江汉平原上，据推断面积最广时曾有 4 万平方公里，可惜今多已变为陆地，仅留零星水体，洪泽湖就曾是其中的一部分。云梦泽在古籍中最早见于记载的是《尚书·禹贡》荆州："云梦土作乂"；《周礼·职方》荆州："其泽薮曰云梦"。又见于《尔雅·释地》的十薮，以及《吕氏春秋·有始览》及《淮南子·坠形训》九薮中的"楚之云梦"。众多典籍只说云梦泽在荆州，在楚地，而未言明其具体方位。

箇亦箖徒，概节而短。江汉之间，谓之籈①竹。《山海经》云："其竹名箇，生非一处，江南山谷所饶也。"故是箭竹类。一尺数节，叶大如履，可以作篷，亦中作矢。其笋冬生。《广志》云"魏时，汉中②太守王图每冬献笋，俗谓之籈笋③"，籈，苦怪反④。

【注释】

①籈（kuài）：竹名，即箇竹。

云南的土家族竹楼（图片提供：微图）

② 汉中：古郡名。

③ 笴（gǎn）：箭杆。

④ 苦怪反：按照汉字反切注音方法，簸字的读音，即取"苦"字声
母和"怪"字韵母，发音为 kuài。

【解读】

　　箃竹也属于箬竹类的竹子，节少而且短小。《山海经》里多次
提到过箃竹，说其并不只在一处地方生长，江南的山谷中都有出产。
其竹叶呈披针形，可以用来搭篷，也适合制造箭矢。"箃"字也可
以作"鄘"。箃竹扎根很深，能耐冬寒，笋一般在冬天萌发，可以

食用。竹节较长的又可称为"媚竹"。《广志》里除了提到汉中太守王图进贡篖笋之外，还谈到篖竹可以充当房屋的椽柱，宋朝李石的《续博物志》也有"篖竹宜为屋椽"的记载。

根深耐寒，茂彼淇苑①。

北土寒冰，至冬地冻，竹根类浅，故不能植。唯篍根深，故能晚生。淇园，卫地，殷纣②竹箭园也。见班彪《志》③。《淮南子》④曰"乌号⑤之弓，贯淇卫之箭"也。《毛诗》⑥所谓"瞻彼淇奥，绿竹猗猗"⑦是也。

【注释】

①淇苑：淇园，春秋时期卫国的园林，产竹，故址大致在今河南省淇县西北。
②殷纣：殷商最后一王帝辛，名受，后世人称殷纣王。
③班彪《志》：指东汉史学家班彪所作的《汉书·沟洫志》。
④《淮南子》：又名《淮南鸿烈》《刘安子》，是西汉时期的一部论文集，由淮南王刘安主持撰写，故而得名。
⑤乌号：指良弓，桑柘木制成。
⑥《毛诗》：指西汉时鲁国毛亨和赵国毛苌所辑和注的古文《诗》，也就是现在流行于世的《诗经》。
⑦瞻彼淇奥，绿竹猗猗：出自《诗经·国风·卫风》中的《淇奥》一诗："瞻彼淇奥，绿竹猗猗。有匪君子，如切如磋，如琢如磨。"

《竹林七贤》任伯年（清）

【解读】

  竹子只有扎根深才能忍耐严寒，所以能在淇园地区茂盛生长。北方地区秋冬季节寒冷，土地容易封冻，一般竹子扎根较浅，因此在北方种植有一定的难度。只有篾竹扎根较深，所以才能较迟萌发。

  中国有一南一北两个标志性的竹文化圣地，一个是南方的湖南洞庭君山，以产湘妃竹著称，另一个就是北方河南淇水之畔的淇园。淇园一般认为是西周晚期卫国的国君卫武公（前812—前757）所建，位于河南省淇县古淇奥（淇河湾内），是我国第一座王侯园林。《述异记》载："卫有淇园，出竹，在淇水之上。"明朝袁中道的《袁中道集》中有这样的话："予记班彪《志》曰：'淇园，殷纣之竹箭园。'又不始卫武公矣。"可见淇园应该在商纣时期便已经成为皇家园林。《诗经·卫风·淇奥》诗曰："瞻彼淇奥，绿竹猗猗"，说在淇水两岸，生长着又多又好的竹子。到了西汉，元光三年（前132），黄河决入瓠子河，淮、泗一带连年遭灾。元封二年（前109），汉武帝刘彻在泰山举行封禅大典后，下令砍伐淇园的竹子，堵塞决口，成功控制了洪水。汉武帝还亲临黄河决口的现场，即兴作诗两首，诗中写道：

> 河汤汤兮激潺湲，北渡回兮汛流难。
> 搴长茭兮湛美玉，河伯许兮薪不属。
> 薪不属兮卫人罪，烧萧条兮噫乎何以御水。
> 颓林竹兮楗石菑，宣防塞兮万福来。

筹筱①苍苍，接町连篁。性不卑植，必也岩岗。逾矢称大，出寻为长。物各有用，扫之最良。

筹筱。中扫帚，细竹也。特异他筱。见《广志》。至大者不过如箭，长者不出一丈，根杪条等下节，生惟高阴，动有町亩，庐山所饶也。扫帚之选，寻阳②人往往取下都③货④焉。

又有族类，爱挺峰阳⑤。悬根百仞⑥，疎干风生。箫笙之选，有声四方。质清气亮，众管莫伉⑦。

鲁郡邹山有筱，形色不殊，质特坚润，宜为

笙管，诸方莫及也。《笙赋》⑧云，所谓"邹山大竹，峄阳孤桐"，此山竹特能贞绝也。

亦有海筱，生于岛岑⑨。节大盈尺，干不满寻。形枯若箸，色如黄金。徒为一异，罔知所任。

海中之山曰岛，山有此筱，大者如箸，内实外坚，拔之不曲。生既危埇⑩，海又多风，枝叶稀少，状若枯箸。质虽小异，无所堪施。交州海石林中遍饶是也。

【注释】

①篲（huì，旧读 suì）筱：竹名，又指竹扫帚。
②寻阳：古郡名，治所在今湖北黄梅西南，所辖范围相当于今江西九江以西、湖北武穴以东的长江两岸地区。
③下都：对首都而言，古称陪都为下都。因西晋都城为洛阳，东晋及南朝宋时以建业（今江苏南京）为下都。
④货：贩卖。
⑤峄（yì）阳：峄山的南坡。
⑥百仞：八尺为仞，百仞是虚指，形容极深或极高。
⑦伉（kàng）：同"抗"，对等。
⑧《笙赋》：属于赋类作品中的"乐器赋"。
⑨岑：小而高的山。
⑩埇：为道路培土。

竹制的笙

【解读】

箐筱竹不喜欢生长在低洼处，喜欢在岩壁和高岗上生长，比较容易成片连为竹园。一般来说箐筱竹比较短小，最长不过箭杆的长度，是做扫帚的极好材料，据说寻阳人常常到下都南京去贩卖扫帚。

而同类的另外一种筱竹，常常挺立在峤山南坡，迎风飘摇，发出哗哗的声音。这种竹子比较适合制作箫和笙。特别是鲁地邹山的筱竹，音质清晰，声音洪亮，这是其他材质的管乐器都不可比拟的。

还有一种海筱竹，主要生长在岛屿中的小峰上，竹节长大超过一尺，主干长度不超过一寻。较大的像筷子般粗细，内心饱满，外皮坚硬，挺拔而不弯曲，但是却不知道有什么实际用处。

以上几种竹子虽然同为筱竹，但是外形和功用却极其不同。竹子生长快，一次栽植可多次利用，确实是一种经济作物，在建材、食品、造纸、包装、工艺品等方面有几百种用途。据考古证实我们的祖先早在几千年之前就已开始使用竹简、竹帛、毛笔这些竹文化用品记载历史，此外竹子还可编制各种农具，如箩筛、簸箕、扫帚、晒垫等。比如文中提到的箐筱竹就有此用途。

此外，从古到今，由于竹的结构加之生长的普遍，竹子与我国文化艺术（尤其美术、音乐）结下了不解之缘。用竹制成的乐器非常之多，如"笛""萧""笙""筝""竽"等等，不胜枚举。文中提到的峤阳筱竹是常用来制作笙箫的竹类之一。

赤、白二竹，还取其色。白薄而曲，赤厚而直。沉①澧②所丰，余邦颇植。

> 颜，少也。俗曰"白鹿竹"，亦可作簟。浔阳
> 郡人呼为"白木竹"，燥时皮肉皆赤，武陵溪中是
> 所丰是也。

【注释】

①沅：水名，发源于中国贵州省，流经湖南省入洞庭湖。
②澧（ʃ）：水名，在中国湖南省。

【解读】

　　赤竹和白竹都是因其颜色而得名的，白竹竹壁薄而弯曲，赤竹壁厚而挺直。白竹俗称"白鹿竹"，可以编织竹席。赤竹在浔阳郡被当地人称为"白木竹"，晒干以后内外都是红色的。这两种竹子都在沅江、澧水地区生长最为繁茂，其他地区少有生长。

　　根据《竹谱详录》记载，白竹的种植并非只局限于沅江、澧水一带，在江浙、江西、两广和安南地区皆有种植。白竹的竹叶并不是白色，只是在笋萌发时箨皮呈现纯白色，没有任何杂色花纹。河南济源还有一种白竹，竹秆被破成篾条时会呈现纯白色，可以用于编织斗笠。

> 萧萧①答箧，婴婴②攒植。擢③笋于秋，冬乃成竹。
> 无大无小，千万修直。篓幕内晸④，绣文外葹⑤。

> 　　笝簹竹，大如脚指，坚厚修直，腹中白幕阑⑥隔，状如湿面生衣⑦。将成竹，而笋皮未落，辄有细虫啮⑧之。陨箨之后，虫啮处往往成赤文，颇似绣画可爱。南康所生。见《沈志》也。

【注释】

①笝簹（hán duò）：一种实心的竹子。

②畟畟（cè）：农具深耕入地的样子（一说疾速前进的样子），

③擢：抽，拔。

④暠（hào）：同"皓"。白，洁白。

⑤絤（xì）：大红色。

⑥阑：阻隔，阻挡。

⑦生衣：绢制的夏衣。

⑧啮：（小动物）用牙齿啃或者咬。

【解读】

　　笝簹竹清肃优雅，种植的时候需要用工具深耕之后，聚集栽种。此竹在秋天萌发竹笋，冬天就长成竹子，成千上万的大小竹子都修长挺直。笝簹竹有脚趾般粗细，最大的特点就是竹腔中生有白膜，形状就像浸湿的生绢夏衣。在笝簹竹的幼竹快要长成，而笋皮尚未脱落的时候，会有小虫子来啃食竹笋。笋皮脱落以后，被虫咬过的地方就会形成红色的花纹，就像刺绣绘画一般，十分可爱。此竹多生长在南康地区。

　　其实，笝簹竹不仅生长在南康地区，在浙东沿海地区的群山中也到处都有生长。据《竹谱详录》记载，其竹腔中的隔膜也并不一直是白色，在最初生长的时候呈纯紫色，而且四季都可以抽笋。浙东人常常取这种竹子来制作篱笆，因为带有花纹，往往显得整齐美观。闽中山区多产答箄竹，当地人称其为"咸竹"。

箛箽①诞②节，内实外泽。作贡汉阳③，以供轺④策⑤。

箛箽竹，生于汉阳，时献以为轺马策。见《南郡赋》⑥。

浮竹亚⑦节，虚软厚肉。临溪覆潦⑧，栖云荫木。洪笋滋肥，可为旨蓄⑨。

浮竹，长者六十尺，肉厚而虚软，节阔而亚，生水次。彭蠡⑩以南，大岭⑪以北，遍有之。其笋未出时，掘取，以甜糟藏之，极甘脆，南人所重。旨蓄，谓草莱⑫甘美者可蓄藏之，以候冬。《诗》曰："我有旨蓄，可以御冬。"

【注释】

①箛箽（gū duò）：竹名。

②诞：大。

③汉阳：南阳郡，古代山南水北为阳，南阳在汉水之北，故又称为汉阳，是秦代、西汉、东汉、三国两晋南北朝、隋唐时期的行政区划名。郡治有时设在宛县（今河南南阳市宛城区），有时设在穰城（今河南邓州市）。

④轺（ㄐㄩ）：古代的一种大车。

⑤策：马鞭。

⑥《南郡赋》：东汉文学家、天文学家张衡（78—139）所作。南都，指张衡的家乡河南南阳，文章描写了南阳的物产、山岳、树木、禽兽、稼植、祭礼等内容，表达了作者对家乡的深厚感情。文中有"其竹则锺笼篁篾，筱簳箛箠"之句。

竹筒饭

⑦亚：少。

⑧潦（lǎo）：意指雨水大或路上的流水、积水，此处指水塘。

⑨旨蓄：储备过冬的食品。

⑩彭蠡（lǐ）：彭蠡湖，一说为鄱阳湖古称。

⑪大岭：根据《竹谱详录》中"浮竹"条的记载，大岭极有可能是一种泛称，即指五岭，也就是今天的南岭。

⑫草莱：草茅、杂草之类。

【解读】

　　箛箠竹的竹节很大，中间实心，外皮富有光泽，出产于南阳郡，曾经作为贡品，用来制作天子大车的马鞭。这在《南都赋》中有所记载。

　　浮竹的竹节稀少，枝条柔软，竹壁较厚，通常生长在水边。其竹体高大丰茂，高的可达六十尺（约 20 米），遮云蔽日。竹笋硕大，味道也十分鲜美。在笋没有完全破土而出时就将其挖出，用甜酒糟淹浸储藏，留到冬天食用，味道甜美脆爽，南方人非常爱吃。此竹从彭蠡湖以南到大岭以北都有生长。

　　在李衎的《竹谱详录》中对浮竹也有专条记述。他认为浮竹应原产自湘江上游全州（今广西全州）一带的山谷中，较大的茎围约有五六寸，竹节每节约长五尺左右，主干浑圆厚实，枝条柔软。李衎还发现，浮竹不仅竹笋可以食用，其竹身还可以用来制作竹筒饭，别具一番风味。就是将竹子截成适宜长度的一段段，中间装上大米和水，再把竹筒两头塞住，将其置于火上或蒸或烤，炭火中绿竹烤焦即可。最后将竹筒取下一劈为二，便可以吃到带有竹子清香的竹筒饭，香味沁人心脾。

> 厥性异宜，各有所育。篾①植于宛②，笁③生于蜀。篾竹，见《南郡赋》。笁竹，见《蜀都赋》④。

【注释】

①篾（miè）：同"篾"，竹名。
②宛：南阳古称宛，位于河南省西南部，与湖北省、陕西省接壤，因地处伏牛山以南、汉水之北而得名。
③笁（niè）：一种白皮竹。
④《蜀都赋》：西汉辞赋家扬雄的代表作，极尽言辞写成都的壮美秀丽。文中有"其竹则鐘笼笁篁"之句。

【解读】

竹子生长习性的差异，造成各地生长着不同品种的竹子。篾竹长在南阳的宛地，笁竹则生于蜀地。这两种竹子分别在《南郡赋》和《蜀都赋》中有所记载。

篾字既可指竹子，也可指劈成条的竹片。在造纸术尚未发明的古代，人们将竹子削成窄条，写上自己的名字，作为拜访时的名片使用，称为"名刺"。古代的名刺多为竹篾条，后来就用"篾片"来指代豪门富家帮闲的清客。

早在新石器时期的良渚文化遗物中，就已经出现了用竹条篾片

编成的生活用具。竹编的制作过程一般是
先将竹子剖削成粗细匀净的篾丝，经过切
丝、刮纹、打光和编结等工序，制成各种
形状的物品。几千年来，我国民间，尤其
是南方竹子生长茂盛的地区，竹编席、枕、
扇、箩、筐、篮、畚箕等已成为人们生活中不
可或缺的日用品，而且形成了富有地方特点的
艺术门类。

竹编暗花牙柄团扇

　　笨竹在文中只提到了产地，并未说明形态特
征。明代梅膺祚的《字汇》中记载："笨，笨
筐，竹名，皮如白霜，大者宜为篙。"可知笨竹
是一种外皮有白霜的竹子，形体比较高大，可做撑船竹篙。

　　　　细筱大簜①。

　　　《书》云："筱簜既敷②。"郑玄③云："筱，
箭；簜，大竹也。"

　　　竹之通目，玄名统体。譬牛与犊，人之所知，
事生轨躅④。

　　　车迹曰轨，马迹曰躅。

【注释】

① 簜（dàng）：大竹。

② 筱簜既敷: 出自《尚书·禹贡》: "筱簜既敷, 厥草惟夭, 厥木惟乔。"
③ 郑玄 (127—200): 字康成, 东汉末年的经学大师, 以毕生精力遍注儒家经典。
④ 躅 (zhú): 足迹。

【解读】

体型较小的竹子称为"筱竹", 体型较大的被称为"簜竹"。《尚书·禹贡》上说"筱簜既敷", 意思是筱竹和簜竹都生长茂盛。东汉经学家郑玄做注, 认为"筱"就是箭竹, "簜"就是大竹。

《尔雅》中说: "簜, 竹。"对于这句话的解释, 东晋学者郭璞做注认为, 簜就是竹子的一个别称; 李巡则指出"竹节相去一丈曰簜", 孙炎也认为"竹节阔者曰簜"。所以"簜"在古代文献中通常指竹节较大的竹子。此外, 古代有一种大型的笙箫乐器也叫做"簜"。《礼仪·大射》中就有"簜在建鼓之间"的说法, 郑玄注解说: "簜, 竹也, 谓笙箫之属。"清代学者段玉裁在《说文解字注·竹部》中进一步解释: "簜者, 竹名, 以竹成器曰簜。笙箫皆用小竹, 而云簜者, 大之也。"

此外, 簜竹还可以制作古代使者盛符节的竹函。据唐代杜佑《通典·宾礼二》中记载: "凡邦国之使节, 山国用虎节, 土国用人节, 泽国用龙节, 皆金也, 以英簜辅之。"当地方诸邦国派出使节赴中央朝觐的时候, 使节都要带上金制的符节, 一般放在大竹子截断做成的英簜之中。

簜竹以大著称, 筱竹则以小著称, 二者往往同时出现。《尚书·禹贡》: "厥贡惟金三品, 瑶琨筱簜, 齿革羽毛惟木。"晋陆云的《与陆典书书》也有"东南之贵宝, 真不但会稽之筱簜也"的语句。

赤县①之外，焉可详录。臆②之必之，匪迈伊瞩。

邹子③云：今四海谓之瀛海④，瀛海之内谓之赤县。瀛海之外如赤县者复有八，故谓之九州。非《禹贡》所谓九州也。天地无边，苍生无量，人所闻见，因轨躅所及，然后知耳，盖何足云？若耳目所不知，便断以不然，岂非愚近之徒者耶！故孔子将⑤圣，无意无必⑥；庄生达迈，以人所知，不若所不知⑦。岂非苞鉴无穷，师表群生之谓乎！

【注释】

①赤县："赤县神州"的简称，指华夏、中国。

②臆：主观猜测。

③邹子：指战国齐人邹衍，战国末哲学家，阴阳家的代表人物。所撰的《邹子》《邹子终始》，俱失传。

④瀛海：浩瀚的大海。

⑤将（jiāng）：奉行。

⑥无意无必：毋意毋必，出自《论语·子罕》："子绝四：毋意、毋必、毋固、毋我。"孔子杜绝四种毛病：不主观臆测，不绝对肯定，不拘泥固执，不自以为是。

⑦以人所知，不若所不知：出自《庄子·秋水》："计人之所知，不若其所不知，其生之时，不若未生之时。"大意是，人所懂得的知识，远远不如他所不知道的东西多，他生存的时间，也远不如他不在人世的时间长。

【解读】

赤县神州以外的情况是无法详细记录的，如果一味臆断揣测，肯定也和实际情况不相符合。邹衍曾说，如今的四海又叫"瀛海"，瀛海之内是赤县神州。而瀛海以外像中国这样的大陆还有八个，所以共称"九州"。天地没有边界，万物众生也没有数量，人们的知识是从自己听到过、看到过、实践过的事物中总结出来的，但这是远远不够的。如果因为没有亲眼所见、亲耳所闻，就武断地认为不是那样，岂不是太愚蠢了。所以说孔子奉行圣人之道，不主观臆测，也不绝对肯定。庄子旷达超脱，认为人类所知远远不如其所不知。

在《竹谱》结束之时，作者的论述上升到了哲学和世界观的高度，提出了人们的认知范围的问题，并进一步讨论人们究竟应该用什么心态来对待外部世界。

邹衍提出的天下分为"大九州"的地理学说，成为我国古代具有"海洋开放型地球观"的第一人。在我国古代的宇宙论中，"盖天说"和"浑天说"是两种具有代表性的理论。盖天说认为"天象盖笠，地法覆盘"，浑天说则认为

《墨竹图》罗聘（清）

"水（海洋）"不仅载着"地"，同时也撑着"天"；盖天说出自内陆，浑天说源于海洋。邹衍的"大九州"说就是受浑天说的启发而创立的。战国时代我国的航海水平已有所提高，人们对中国东部海域内的陆地和岛屿已经有所了解，加上齐地滨海的自然环境，海市蜃楼的奇妙景象和燕齐渔民商贾对异域风情的传闻和描述，这一切都激发了邹衍的灵感，开阔了他的思路，使他对自己生活的世界作出了大胆的推测，创立了"大九州"说。邹衍认为战国时期儒家所谓的"中国"（指华夏族聚居的中原地区）并不是世界的全部，当时的全中国（指战国七雄疆土的总和）名叫赤县神州，赤县神州内另有九州，也就是大禹治水时所序列的冀、兖、青、徐、扬、荆、豫、梁、雍九州，像赤县神州这么大的州全世界共有九个，每一州的周围都有大海环绕，这个州里的人民与其他州的人民不能由陆路连接相通往来，这样儒家所谓的"中国"只不过是世界的 81 分之一而已。邹衍的大九州说虽然是建立在主观推测的基础上，缺乏严密论证和科学判断，但是在当时对中国以外的地理几乎一无所知的情况下，无疑是突破了人们狭隘的地理观念，开阔了人们的视野，激发了人们探索域外的热情。

在戴凯之生活的年代，大多数人所了解的知识范围都不会超出实践的范围，如果用耳闻目睹来认识世界未免会落入坐井观天的错误中。戴凯之并没有狂妄自大，他以客观准确而不失文采的笔调，撰写了我国第一部竹类专著，并且在字里行间流露出谨慎和"不知为不知"的态度，比如关于传说中的"员丘帝竹"，戴氏记之以"巨细已闻，形名未传"；对于桂竹不同品种的差异，他则抱以"其形未详"的态度，由此可见，戴氏并没有将自己已有的对竹的认知视作绝对全面的知识。虽然关于竹的知识在后世不断地被其他学者增补，但是戴凯之的《竹谱》作为中国历史乃至世界历史上第一部竹类专著，有着深远的影响。

菊谱

《菊谱》又称《范村菊谱》《石湖菊谱》，宋代范成大撰。

成书于南宋淳熙丙午年（1186），是范成大因病退居石湖时所作。在自序中，作者称书中记录菊花36种，不过此本所载黄菊16种、白菊15种、杂色菊花4种，实际上只有35种，尚缺一种，疑为历代传写有所脱佚。

序

山林好事者，或以菊比君子。其说以谓岁华晼晚①，草木变衰，乃独烨然②秀发，傲睨风露。此幽人逸士之操，虽寂寥荒寒，而味道之腴③，不改其乐者也。神农书④以菊为养生上药，能轻身延年。南阳人饮其潭水⑤，皆寿百岁。使夫人者有为于当世，医国庇民，亦犹是而已。菊于君子之道诚有臭味⑥哉。

【注释】

①晼晚：本指太阳西斜，日暮时分。这里是时间晚、季节迟的意思。
②烨然：光彩鲜明，这里指菊花开得很盛。
③腴：美好。
④神农书：指《神农本草经》，成书于战国至秦汉时代，假托传说中的神农氏之名所写，是我国最早的药学专著。
⑤潭水：指菊潭，又名"菊花潭"，俗称"不老泉"，位于河南省

《对菊图》石涛（清）

西峡县丹水镇南部、菊花山北坡山坳中。因山上的菊花倒映水潭
而得名。

⑥臭（xiù）味：气味，因同类东西气味相似，故用以比喻同类的人或物。

【解读】

　　喜好山林意趣的人，会将菊花比作君子。这是因为在一年之
末的秋冬季节，其他花木都衰败凋零的时候，菊花还独自艳丽地绽
放，傲视风霜寒露，具有像隐士一样高洁的情操。菊花虽身处寂寥

荒凉的环境中，依然坚守志趣，不改自由快乐的本性。《神农本草经》中说菊花是修炼养生的上等药材，能够使人身轻体健，延年益寿。南阳一带的人因为常年饮用菊潭之水，都能长命百岁。仁人志士在所处的时代有所作为，治理国家、庇护百姓，就像菊花一样，可见菊花的品格和君子之道确实是相通的。

在梅、兰、竹、菊四君子中，菊作为傲霜之花，一直受到文人墨客的青睐。战国诗人屈原在《离骚》中就有"夕餐秋菊之落英"的诗句，以饮露餐花象征自己品行的高尚和纯洁。魏晋时的文学家钟会在《菊花赋》中歌颂菊花有"五美"，其中强调了菊花"早植晚登"、"冒霜吐颖"的品格。菊花种植的时间早，春季已经破土而出，但是在秋天才悄然开放，不与百花争艳，好似君子谦虚内敛。菊花或在野外恶劣的环境中生长，或植于矮篱之边，犹如君子安贫乐道；菊花冒着寒霜吐颖，好似君子不因穷困而变节。菊花的这些品性正好与古代文士追求的君子之风相契合。唐人元稹《菊花》："秋丛绕舍似陶家，遍绕篱边日渐斜。不是花中偏爱菊，此花开尽更无花。"表达了诗人对坚贞、高洁品格的追求。其他如"宁可枝头抱香死，何曾吹落百花中"（宋人郑思肖《寒菊》）、"寂寞东篱湿露华，依前金屬照泥沙"（宋人范成大《重阳后菊花二首》）等诗句，都借菊花来寄寓诗人的精神品质，这里的菊花无疑成为诗人一种人格的写照。

《月令》①以动植志②气候，如桃桐辈，直云"始华"③，至菊独曰"菊有黄华"，岂以其正色独立，不伍众草，变词而言之欤。故名胜之士，未有不爱菊者。至陶渊明④尤甚爱之，而菊名益重。又其花时，秋暑始退，岁事⑤既登⑥，天气高明，人情舒闲，骚人饮流，亦以菊为时花⑦。移槛⑧列斛⑨，辇⑩致觞咏间，谓之重九节物，此虽非深知菊者，要亦不可谓不爱菊也。

爱者既多，种者日广，吴下老圃，伺春苗尺许时，掇⑪去其颠⑫，数日则歧出两枝，又掇之，每掇益歧。至秋则一干所出数千百朵⑬，婆娑团圞⑭，如车盖熏笼⑮矣。人力勤，土又膏沃，花亦为之屡变。顷见东阳⑯人家菊图多至七十种，淳熙⑰丙午范村所植，止得三十六种，悉为谱之，明年将益访求他品为后谱云。

【注释】

① 《月令》：古代汉族天文历法著作。是上古一种文章体裁，按照一年12个月的时令记述政府的祭祀礼仪、职务、法令、禁令，并把它们归纳在五行相生的系统中。此处指的是《礼记》中的《月令》。

② 志：记载，记录。

③ 始华：华者，花也。

④ 陶渊明（约365—427）：名潜，字元亮，号五柳先生，私谥"靖节"，东晋末期南朝宋初期诗人、文学家、辞赋家、散文家。

⑤ 岁事：指一年中应做的事。岁，古代指年。

⑥ 登：成熟、完成。

⑦ 时花：应季节而开放的花卉。

⑧槛（jiàn）：栏杆。

⑨斛（hú）：中国旧量器名，亦是容量单位，一斛本为十斗，后来改为五斗。

⑩辇（niǎn）：古代用人拉着走的车子，后多指天子或王室坐的车子。

⑪掇（duō）：通"剟"，削。

⑫颠：头顶，引申为物的顶端。

⑬朵：同"朵"。

⑭团圞：聚集、凝聚的样子。

⑮熏笼：有笼覆盖的熏炉，可用以熏烤衣服。

⑯东阳：东汉献帝兴平二年（公元195年）建县制，现指浙江东阳。

⑰淳熙：1174—1189，是南宋孝宗赵眘的第三个和最后一个年号，共计16年。

【解读】

在《礼记·月令》中，对众多花卉的记载只不过"某始华"，而唯独对菊花用了"菊有黄华"，范成大认为这是因为菊花颜色纯正、孑然傲立，不与其他花草杂处才换来的评价。喜欢菊花的人多了，种植菊花的自然也多。苏州地区世代以种植为生的园圃，等到春天菊花幼苗有一尺多高的时候，就会摘去顶梢的部分，这是为了防止植物的顶芽优先生长而侧芽受抑制。如此一来，从同一株主干上就会分出来侧枝，到秋天花季就会像团盖一样，花团锦簇。

菊花开放的季节，恰好秋暑刚刚褪去，全年的作物已经成熟并且开始收获，秋高气爽，人们心情舒畅，诗人墨客饮酒流连。当别的花都已经凋谢，菊花可谓花正逢时，恰恰因其不畏秋寒开放，深受中国古代文人的喜欢。

提到菊花，就不能不提及陶渊明，他因赏菊爱菊，留下许多咏菊的诗篇，被后人奉为"菊仙"。当时东晋士族文人普遍向往隐逸，追求精神自由的风气，陶氏也深受影响。刚开始，他还希望在政治上有所作为，但是在目睹和经历了官场的黑暗与社会的动荡之

《陶潜赏菊图》【局部】唐寅（明）

后，陶渊明感到心灰意冷，从而更加推崇那些安贫乐道的隐士，决心不为追求高官厚禄而玷污自己，选择退隐田园，以保持节操的纯洁。陶渊明的思想可以这样概括：通过泯去后天的经过世俗熏染的"伪我"，以求返归一个"真我"。总的说来，他的归隐实际是自己的理想与当时的社会现实无法调和的结果。菊花不以娇艳的姿色取媚于时，而是以素雅坚贞的品性见美于人。陶渊明被戴上"隐逸之宗"的桂冠，菊花也被称为"花之隐逸者"，菊花的品性已经和陶渊明的人格交融为一。因此，菊花有"陶菊"的雅称，象征着陶渊明不为五斗米折腰的傲岸骨气。

黄　花

　　胜金黄，一名大金黄。菊以黄为正，此品最为丰缛①而加轻盈，花叶微尖，但条梗纤弱，难得团簇。作大本②，须留意扶植乃成。

　　迭金黄，一名明州③黄，又名小金黄。花心极小，迭叶秾④密，状如笑靥⑤，有富贵气，开早。一枝只一葩⑥，倒垂如发之卷。

【注释】

①丰缛（rù）：形容草木丰盛繁茂。缛，繁多，繁琐。

②本：多指植物的根部，这里指菊花的枝干部分。

③明州：今宁波。

④秾：花木繁盛。

⑤笑靥（yè）：旧指女子在面部点搽装饰，现泛指美女的笑脸。靥，酒窝。

⑥葩：花，引申为华美。

美丽的黄菊

【解读】

胜金黄菊花，又叫"大金黄"。菊花以黄色为正色，这类菊花长势最为旺盛，而且姿态轻盈。其花瓣微尖，而枝条纤细柔弱，很难形成团簇状。如果想要培育较大的植株，必须仔细留意、细心呵护才能成功。

迭金黄菊花，又叫"明州黄"或"小金黄"。其花蕊较小，而花瓣层叠繁密，就像美女的笑颜一样。此花颇有富贵气息，花开得较早。

胜金黄和迭金黄，都是金黄色的菊花品种。后者因为颜色不如前者黄色纯正，也并非全黄，故而得名小金黄。古人赏菊必定先从

"定品"开始，也就是要设定对菊花的分类及评价标准，以此来确定菊花品质的优劣。

北宋刘蒙在《刘氏菊谱》中写道："或问菊奚先？曰：'先色与香，而后态。'然则色奚先？曰：'黄者中之色。'土王季月，而菊以九月花，金土之应，相生而相得者也。"在刘蒙看来，品菊要先从正花色入手，其次辨香味，第三观花形。而黄色则是菊花首选的正宗花色。菊花开在土王之季，土王又指"土旺"。木、火、土、金、水五行之中，土生金，故曰"相生"。秋季在五行观念中属金，土生金而菊花开，古人遂认为菊花是土金相生相得产生，因此以土之黄色为菊花正色。

而且古人进一步推演，认为菊属土，土为地，天乾地坤，天为阳，地为阴，那么菊花也就属阴，于是菊、坤、阴也就联系在了一起。因此周代王后有六种礼服，其中一种就叫做"鞠衣"，鞠即菊。为什么要取菊花的颜色为皇后礼服的颜色呢？因为菊应土之验，菊"华于阴中，其色正应阴之盛"，而君王阳，皇后属阴，所以皇后的鞠衣采用菊花的黄色。

这也就不难理解为什么范成大将黄菊列在菊谱的首位了。

棣棠菊，一名金锤子。花纤秾，酷似棣棠①。色深如赤金，他花色皆不及，盖奇品也。窠②株不甚高，金陵最多。

【解读】

棣棠菊，又叫"金锤
子"，花瓣纤细而丰满，特
别像棣棠花，颜色深如赤
金，其他品种的菊花在颜色
上都比不上它，堪称菊花中
的奇品。此菊植株不高，在
南京最为多见。

《诗经·小雅·鹿鸣之
什·棠棣》中有"棠棣之华，
鄂不韡韡，凡今之人，莫如
兄弟。……兄弟之情，莫过
棠棣。"许多人以为棣棠花
就是棠棣之花，其实不然：
棣棠花别名蜂棠花，为落叶
灌木，叶子略呈卵形，花黄

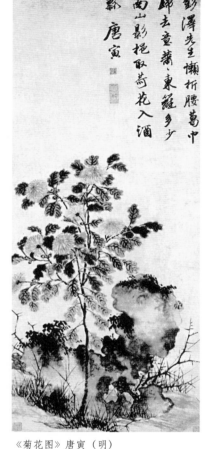

《菊花图》唐寅（明）

色，无香味，果实黑褐色。而棠棣实乃"郁李"，蔷薇科落叶小灌
木，春季开花，花淡红色，果实小球形，暗红色。棠棣和棣棠的命
名之争持续了上千年，至今无尽无休。唐代李商隐《寄罗劭兴》：
"棠棣黄花发，忘忧碧叶齐。人闲微病酒，燕重远兼泥。混沌何由
凿，青冥未有梯。高阳旧徒侣，时复一相携。"

据刘蒙《刘氏菊谱》记载，棣棠菊原产自西京洛阳，在农历九月末开花，颜色深黄，多层花瓣，众多花瓣自内而外，层叠错落，与棣棠花非常相似。北宋诗人陈师道有《南乡子·咏棣棠菊》："乱蕊压枝繁。堆积金钱闹作团。晚起涂黄仍带酒，看看。衣剩腰肢故著单。薄瘦却禁寒。牵引人心不放阑。拟折一枝遮老眼，难难。蝶横蜂争只倚阑。"生动描绘出棣棠菊开放时繁盛热烈的景象，如同堆在一起的金钱，打闹成一团。这和范谱中描绘的"纤秾"二字相得益彰。以诗句"衣剩腰肢故著单"来形容棣棠菊枝叶比较单薄、清瘦的外形特点，则加深了人们对棣棠菊的认识。

叠罗黄。状如小金黄，花叶尖廋，如剪罗縠①，三两花自作一高枝出丛上，意度潇洒。

麝香②黄，花心丰腴，傍短叶密承之，格极高胜。亦有白者，大略似白佛顶③，而胜之远甚，吴中比年④始有。

【注释】

①罗縠(hú)：指丝织品中的罗与绉纱，纱线经纬较疏松，极薄，有皱褶。

②麝香：雄麝脐香腺中的分泌物干燥后形成的固体，是一种十分名贵的药材，也是极名贵的香料。

③白佛顶：佛头菊，菊花的一种，花心大而突起似佛像头顶，故名。

④比年：近年。

【解读】

叠罗黄的花形接近小金黄，花瓣尖细而薄，就像用罗縠剪裁出来的一般。通常叠罗黄三两朵花开在一株高枝上，姿态十分潇洒。

麝香黄的花心十分丰满，四周有小花瓣密密地承托簇拥，显得格调非常高雅。此花也有开白花的，有点像佛头菊，不过比它优美得多，近年来在吴中地区才开始出现这一品种。

然而史正志的《史氏菊谱》中说："佛头菊，无心，中边亦同。小佛头菊，同上，微小。又云叠罗黄。"他所说的佛头菊和小佛头菊的形态与范谱中的叠罗黄有较大差别，不知孰是孰非。

清代《四库全书总目提要》在解题范成大的《菊谱》时说："今以此谱与史正志谱相核，其异同已十之五六，则菊之不能以谱尽，大概可睹。但各据耳目所及，以记一时之名品，正不必以挂漏为嫌矣。"这说明范成大的菊谱与史正志的菊谱相比已经出现了较大的差异。在古代，大多数人都是根据自己所见所闻来记录菊品，加之"菊之种类至繁，其形色幻化不一"，出现记载龃龉之处，也是合情合理的。

千叶小金钱，略似明州黄，花叶中外叠叠整齐，心甚大。

太真黄，花如小金钱，加鲜明。

单叶小金钱，花心尤大，开最早，重阳①前已烂熳。

《月曼清游册之九月重阳赏菊》陈枚（清）

【注释】

①重阳：中国传统节日，每年农历九月初九日。因数字"九"在《周易》为阳数，九月九日，两个阳数相重，故称"重阳"，也叫"重九"。这一天的节俗主要有登高、赏菊、饮菊花酒、插茱萸、敬老等。

【解读】

　　此段提到的三种菊花有一个共同点，就是形状都跟小金钱相似，所以放在一起介绍。

千叶小金钱的花心较大，根据名称不难想象其花瓣重叠累积的样子。范成大说它与前文提到的"明州黄"也就是"迭金黄"略有相似。

太真黄的花形也和小金钱相似，而特点就是颜色更加鲜艳。"太真"指的是唐代美人杨贵妃，以美丽明艳著称，以其命名，可以想见太真黄的花必是金灿耀眼。

单叶小金钱也是以其形状命名的，其花心尤其丰满，且花期最早，在重阳赏菊时节到来之前就已经开得绚丽烂漫了。

唐代女诗人薛涛曾为所住浣花溪旁的一丛早菊赋诗云："绿英初濯露，金蕊半含霜。自有兼材用，那同众草芳。"诗中的菊花是诗人的自比，薛涛卓绝的才气和特立独行、不让须眉的一生，跟当时的世间女子比起来，何尝不像这早早开花、花心尤大的单花小金钱呢？

重阳节与菊花有着密不可分的关系。吴均的《续齐谐记》中载，汝南有一个叫桓景的人，曾跟随方士费长房游学。一日，费长房对他说："九月九日汝南有会有大灾难发生，要让家人缝制含有茱萸的绛色锦囊系在臂上，登上高山，饮菊花酒，此祸才可消除。"桓景听从了费长房的话，举家登山，并在山上饮用菊花酒，果然平安无事。汉代以后，重阳节赏菊、饮菊花酒、吃菊花糕成为一种风俗流传下来。菊花酒通常是在头年重阳节时专为次年重阳节酿造的。人们在九月九日这天采下初开的菊花和一点青翠的枝叶，掺和在作为酿酒原料的粮食中一齐发酵酿酒，放至第二年重阳节饮用。明清时期，人们又在菊花酒中加入多种草药，保健效果更佳。

菊谱

垂丝菊，花蕊深黄，茎极柔细，随风动摇，如垂丝海棠①。

鸳鸯菊，花常相偶②，叶深碧。

【注释】

①垂丝海棠：落叶小乔木，叶子呈卵形或椭圆形，花为白色或者淡粉色。垂丝海棠是我国主要的海棠品种，花梗细长，花朵丝丝下垂，风姿楚楚，娇美动人，主要分布在今天四川、贵州、云南等地。

②偶：成对。

【解读】

垂丝菊与鸳鸯菊的命名都与外形有关。垂丝菊的花蕊颜色深黄，花茎极为柔软细嫩，随风摇曳，很像垂丝海棠。历代文献中对垂丝菊花的记载并不多，在刘蒙《刘氏菊谱》中提到过"垂丝粉红"。范成大《菊谱》中的垂丝菊属于黄菊花，而垂丝粉红属于杂色菊花，两者并不属于同一品类，都得名"垂丝"，应该是

盛开的黄菊（图片提供：FOTOE）

外形有相似之处。

鸳鸯菊的花朵常常成双成对地开放，叶片是深绿色的。作者所说的鸳鸯菊是黄菊的一种，而今天所说的鸳鸯菊是指一株菊花有红、黄两色，一根根花瓣参差不齐，远远望去就像一对鸳鸯在水中嬉戏。

南宋词人张炎在《瑶台聚八仙·咏鸳鸯菊》中写道："老圃堪嗟。深夜雨、紫英犹傲霜华。暖宿篱根，飞去想怯寒沙。采摘浮杯如戏水，晚香淡似夜来些。背风斜。翠苔径里，描绣人夸。白头共开笑口，看试妆满插，云髻双丫。蝶也休愁，不是旧日疏葩。连枝愿为比翼，问因甚寒城独自花。悠然意，对九江山色，还醉陶家。"其中双丫也就是所谓的"双螺髻"是宋代少女常梳的发髻，以此来比喻鸳鸯菊的外形特点，十分贴切。而且源自白居易《长恨歌》"在天愿作比翼鸟，在地愿为连理枝"一句的"连枝""比翼"二词也与鸳鸯这一名号交相辉映，更凸显出鸳鸯菊应为并蒂开放而并非一花两色。

金铃菊，一名荔枝菊，举体千叶细瓣，簇成小球，如小荔枝。枝条长茂，可以揽结①。江东②人喜种之，有结为浮图③楼阁高丈余者。余顷北使④过栾城⑤，其地多菊，家家以盆盎⑥遮门，悉为鸾凤亭台之状，即此一种。

①揽结：采摘系结。

②江东：又称"江左"，即长江以东。

③浮图：佛、佛陀的意思，也作"浮屠"；又指佛塔。这里指佛塔造型。

④北使：北国的使者。指南宋乾道六年（1170），范成大受命出使金国，目的一是向金求请赵宋皇室陵墓所在的河南巩、洛之地，二是重议宋金两国交换国书的礼仪。为完成使命，范成大慷慨抗节，不畏强暴，几近被杀，最终不辱使命而归。

⑤栾城：东汉始设，北魏太和十一年（487）重设，宋代属真定府，指今河北栾城。

⑥盎（àng）：腹大口小的盛物洗物的瓦盆。

【解读】

　　金铃菊又名"荔枝菊"，通体花瓣多层，每个花瓣都很纤细，团簇成小球状，就像小荔枝。枝条较长而繁茂，可以采摘系结。江东地区的人都很喜欢种植这种菊花，有的将其盘曲编结成宝塔楼阁的形状，可以高达丈许。范成大曾出使金国，途经栾城时，看到那里家家户户都用瓦盆种着这种菊花，做成鸾凤亭台的造型，甚至遮住门楣。

　　据北宋人史铸的《百菊集谱》记载，金铃菊花头很小，像圆形的铃铛，颜色深黄。它的枝干柔韧，可以长到一人高，适于造型。一般的菊花都是五个小瓣，但是金铃菊却是七个小瓣，它的花不只在枝头生长，也在叶间生长。

　　金铃菊通过支架攀撑或者人工盘结可以呈现多种造型，尤以树塔型居多，所以又被称为"塔子菊"。宋代史铸曾诗云："金彩煌煌般若花，高蟠层级巧堪夸。更添佛顶周遭种，成此良缘胜聚沙。"诗中的"佛顶"指的是佛顶菊，"聚沙"即"佛塔"的意思，金铃菊盘结成为宝塔浮屠，再配上佛顶菊，二者构成一副庄严的宗教景观。正因为金铃菊常常被造型为佛塔，因此，又被命名为

"般若（bō rě）花"。

文中提到将菊花做成楼台亭阁的造型，这种菊花造型技术自古以来就深受人们的喜爱。造型菊依样式的不同，又可分为大立菊、塔菊、悬崖菊、盆景菊等不同的种类。

球子菊，如金铃而差小，二种相去不远，其大小名字出于栽培肥瘠之别。

小金铃，一名夏菊花，如金铃而极小，无大本①，夏中开花。

【注释】

①本：本义指植物的根部，这里应该指菊花的枝干部分。

【解读】

球子菊的花与金铃菊相似而略小一些，两个品种差别不大，花朵大小的差异是由于栽培土壤的肥沃与贫瘠不同而造成的。

球子菊在每年农历九月中旬开放，颜色深黄，多层花瓣，密密匝匝，但繁而不乱。球子菊的花量非常大，往往一枝的末梢上有百余朵花苞，每个花苞又都像一个小圆球。在所有的黄色菊品中，球子菊是花头较小的品种之一。宋代史铸有《球子菊》一诗："团圞秋卉出篱东，惹露凌霜衮衮中。疑是花神抛未过，更教辗转向西风。"他在诗中说球子菊可能是花神撒花种时未展开的结果，所以才会呈球形，颇具意趣。

小金铃菊也是菊花中的异类，因为它属于夏菊，又称为"夏金铃"。据《刘氏菊谱》记载，小金铃在农历六月开放，颜色深黄。从花型上来看，此花"花头瘦小，不甚鲜茂"。刘蒙认为，小金铃菊的花朵不够美观大方，正是"花非其时"的缘故。

> 　　藤菊。花密，条柔，以长如藤蔓，可编作屏障，亦名棚菊。种之坡上，则垂下袅①数尺如缨络②，尤宜池潭之濒。

【注释】

①袅：柔弱，缭绕。
②缨络：同"璎珞"，古代用珠宝玉石编串而成的多层次的装饰品，多用为颈饰。

【解读】

　　藤菊，花瓣繁密，枝条柔软，因其植株修长就像藤蔓一样，可以用来编织花屏和花障，也叫"棚菊"。若将其种植在斜坡之上，会垂下几尺长的枝条，细长柔韧犹如璎珞，

种于水边的造型菊花（图片提供：微图）

特别适于种在水边。

范成大将藤菊枝条妩媚下垂、婀娜多姿的样子比喻为缨络，恰如其分。璎珞是古代用珠玉串成的装饰品，原为古代印度佛像颈间的一种装饰，后来随着佛教一起传入我国，唐代时，被爱美求新的女性所模仿和改进，变成了项饰，在项饰中最显华贵。

十样菊，一本开花，形模各异，或多叶或单叶，或大或小，或如金铃，往往有六七色，以成数①通名之曰十样。衢②、严③间花黄，杭之属邑有白者。

【注释】

①成数：整数。
②衢（qú）：衢州，宋代时所辖范围大约为今天浙江省衢州市。
③严：严州，位于今浙江省西部，也称睦州。

【解读】

十样菊同一茎干开出的花，形状模样各不相同，有的是单层花瓣，有的是多层花瓣，有的花盘大，有的花盘小，还有的像金铃菊。往往同一株的花朵有六七种颜色，一般以整数称其为"十样"。衢州、严州一带的十样菊花是黄色的，而杭州地区多是开白花的。

史正志的《史氏菊谱》中说，十样菊"花白杂样，亦有微紫，花头小"，将其列在了黄、白菊之后的"杂色红紫"类。由此看来，各家的颜色分类标准略有出入。史铸在《百菊集谱》中还为此菊写诗道："霜蕊多般同一本，天教成数殿秋荣。从他蛱蝶偷香惯，偷遍无过一便清。"诗中赞叹十样菊同一植株却生出异色花朵，这全是大自然神功造化的结果，最终使得十样菊夺得秋天花木荣光的魁首。十样菊颜色各异，吸引了蝴蝶前来光顾采香，甚至蝴蝶都被十样菊的花色搞得眼花缭乱，分不清哪朵采过哪朵未采。

> 甘菊，一名家菊，人家种以供蔬茹①。凡菊叶皆深绿而厚，味极苦，或有毛。惟此叶淡绿柔莹，味微甘，咀嚼香味俱胜，撷以作羹及泛茶，极有风致。天随子②所赋即此种，花差胜野菊，甚美，本不系花。
>
> 野菊，旅生③田野及水滨，花单叶，极琐④细。

【注释】

①蔬茹（rú）：蔬菜的总称。
②天随子：唐代文学家陆龟蒙（？—881），字鲁望，别号天随子、江湖散人、甫里先生，曾在浙江顾渚山下开辟茶园，著有《茶书》一篇，可惜已经失传。
③旅生：野生。
④琐：细小。

【解读】

甘菊又称"家菊"，世人往往将其作为蔬菜种植、食用。菊花的叶子大都是深绿色而且比较肥厚，味道极苦，还长有绒毛，只有甘菊的叶子呈淡绿色，表面光洁，味道微微泛甜，适合泡茶。当年唐代诗人陆龟蒙在诗文中吟咏过的正是这种菊花。甘菊的花比野菊要略胜一筹，十分漂亮，主干短小，不生花苞。

与其他菊花以花朵取胜不同，甘菊以其独特的味道受到了文人的赞誉。宋代诗人王禹偁曾作《甘菊冷淘》一诗："经年厌粱肉，颇觉道气浑。孟春奉斋戒，敕厨唯素飧。淮南地甚暖，甘菊生篱根。长芽触土膏，小叶弄晴暾。采采忽盈把，洗去朝露痕。俸面新且细，搜摄如玉墩。随刀落银镂，煮投寒泉盆。杂此青青色，芳草敌兰荪。"诗中表达了作者对于荤腥的厌恶，还有对于甘菊清新之味的推崇，比若玉泉，胜过兰荪。

与甘菊相对，野菊则多在田间水边自发生长，花瓣细小。野菊并没有因为自己的默默无闻而被忽视。恰恰因为野菊自开自谢，从不奉迎，而且经踩踏后依然顽强开花的品性，反而展露了一种野性之美。南宋诗人杨万里曾赋诗：

> 未与骚人当糗粮，况随流俗作重阳。
> 政缘在野有幽色，肯为无人减妙香。
> 已晚相逢半山碧，便忙也折一枝黄。
> 花应冷笑东篱族，犹向陶翁觅宠光。

诗中表现出野菊不给文人骚客作干粮（指不追求被文人赏识），更不肯随流俗在重阳节被俗人赏识。正因为在野外更有清幽淡色，不会自怨自艾，亦不会卑躬屈膝。

白　花

五月菊，花心极大，每一须皆中空，攒成一匾①球。子红白，单叶绕承之，每枝只一花，径二寸，叶似同蒿②。夏中开，近年院体③画草虫喜以此菊写生。

【注释】

①匾：同"扁"。

②同蒿（hāo）：茼蒿，又叫蓬蒿，属菊科草本植物。

③院体：简称"院体"、"院画"，一般指宋代翰林图画院及其后宫廷画家比较工致一路的绘画。亦有专指南宋画院作品，或泛指非宫廷画家而效法南宋画院风格之作。作画讲究法度，重视形神兼备，风格华丽细腻。

【解读】

在范成大的《菊谱》中，白菊仅次于黄菊，在菊品上，白菊得金气之应，应列为第二层。在中国传统五行中，土生金，土金相

清雅的白菊

连，金主西方，颜色尚白，代表秋天季节。白菊颜色洁白，且在秋天绽放，是谓可以聚集金气，所以白菊应排在黄菊之后。

五月菊是白菊的一种，花心非常大，每一根舌状花须都是中空的，花瓣攒成一个扁球，形成一种花团锦簇之美。此花为红白色，单层花瓣，每一枝只生一朵花，直径两寸许，叶子像茼蒿，多在夏季中期开花。作者还提到，当时北宋画院画虫草时常常以五月菊作为写生的对象。

在传统绘画的花鸟画中，菊花一直是历代最受欢迎的题材之一。宋代画院画的菊花多用工笔技法，风格写实。元代以后，以写意技法画菊逐渐成为主流。写意技法表现菊花潇洒的气质、傲霜的性格，比工笔画更为淋漓尽致。在明代，著名的写意画家徐渭、陈伯阳留下众多水墨菊花以后，画花鸟的文人画家几乎无人不画菊花。明末清初的书画家朱耷所画的墨菊更是深得菊花的神髓。朱耷是明朝皇室后裔，明亡后出家为僧，晚年作品中常署名"八大山人"。

他画有多幅以菊石为内容的册页。他画的菊花常常寥寥数笔，简洁到了极致，但表现出了菊花特有的傲霜凌秋之气，仿佛一倔强老者昂然伫立，任风吹雨打不为所动。

金杯玉盘，中心黄，四傍浅白大叶，三数层①，花头径三寸，菊之大者不过此。本出江东，比年稍移栽吴下。此与五月菊二品，以其花径寸特大，故列之于前。

【注释】

① 三数层：多层。这里的"三"并非实指。

【解读】

金杯玉盘菊的花心是黄色的，四周是浅白色的大花瓣，聚拢成杯状，而且多层，铺展成盘状，极像玉盘托着金杯，因此得名。这种菊花的花盘直径达三寸，在菊花家族中可谓大块头。此花原本生长在江东地区，以后逐渐移栽到苏州地区。金杯玉盘和五月菊的花冠都比较大，因此排在前面。

在《百菊集谱》中，金杯玉盘菊还有一个响亮的名字——金盏银台。史铸诗云：

黄白天成酒器新，晓承清露味何醇。

恰如欲劝陶公饮，西鳔应须作主人。

诗中将金杯玉盘菊想象成天上神仙用的酒器，当年陶渊明定是喝了西方之神少昊的酒，才会醉倒在东篱之下。

> 喜容。千叶，花初开微黄，花心极小，花中色深，外微晕淡①，欣然丰艳有喜色，甚称其名。久则变白，尤耐封殖②，可以引长七八尺至一丈，亦可揽结，白花中高品也。
>
> 御衣黄，千叶，花初开深鹅黄，大略似喜容而差疏瘦，久则变白。

【注释】

①晕淡：颜色由浓渐淡。
②封殖：亦作"封埴"，壅土培育。

【解读】

喜容菊有多层花瓣，花朵初开时微显黄色，花心很小，花瓣靠近花心的地方颜色较深，而外缘逐渐变淡。因花朵姿态艳丽，就像欣喜的神色，所以"喜容"这个名字十分贴切。花开一段时间后，花朵就完全变白了。此花尤其适合壅土培育，枝条可以长到七八尺乃至一丈长，也可以盘曲编结，堪称白色菊花中的佳品。

关于喜容菊，宋代孟元老的《东京梦华录·重阳》中记载："九月重阳，都下赏菊，有数种……纯白而大者曰喜容菊。"这里

白菊（图片提供：微图）

所记载的喜容是已经花开成熟的喜容，花色已经由初开时的微黄转
变为纯白色。刘蒙《菊谱》记载说喜容又名"御爱"，"御爱出京
师，开以九月末，一名笑靥，一名喜容，淡黄千叶，叶有双纹齐短
而阔。叶端皆有两阙，内外鳞次"。但是刘蒙并没有记述御爱菊会
变为白色，这与范成大和孟元老所记载的略有不同。

御衣黄菊有多层花瓣，花朵初开时是深鹅黄色，花朵与喜容菊十
分相似，不过更清瘦一些，花开一段时间后会变为白色。御衣黄菊还
有个名字叫"青梗御袍黄"。《广群芳谱》第四十八卷记载："青梗
御袍黄，一名御衣黄，一名浅色御袍黄，朵、瓣、叶、干俱类小御袍
黄，但瓣疏而茎清耳。范谱曰，千瓣，初开深鹅黄，而差疏瘦，久则
变白。"御衣黄与小御袍黄的花朵、瓣形、叶片、枝干都很相似，以
花瓣稀疏、花柄呈青色为显著特征。御衣黄因其色如君王袍服之色而
得此称号。不管是御衣黄或者御袍黄，虽然只在初开时花为黄色，但
是人们还是习惯拿皇帝御用的黄色来为这两种菊花命名。

万铃菊，中心淡黄锤子，傍白花叶绕之。花端极尖，香尤清烈。

莲花菊，如小白莲花，多叶而无心，花头疏，极萧散清绝，一枝只一葩①，绿叶亦甚纤巧。

芙蓉菊，开就者如小木芙蓉②，尤秾盛者如楼子芍药③，但难培植，多不能繁橆④。

茉莉菊，花叶繁缛，全似茉莉，绿叶亦似之，长大而圆净。

【注释】

①葩：花。
②木芙蓉：锦葵科木本花卉，花艳美，粉色、白色居多。
③芍药：多年生草本花卉，花大而美，花色繁多。
④繁橆（wú）：犹繁庑或繁芜。

【解读】

万铃菊的花心是淡黄色的，白色的花瓣围绕着中心的锤子，花瓣的尖端非常尖，香气也特别浓烈。据《史氏菊谱》记载，万铃菊的花心茸茸突起，像铃铛的铃舌，四周花瓣又多半开半掩，构成一只小巧的花铃铛。秋风吹过，菊花丛中万铃摇摆，犹如正在谱奏一曲秋乐。

莲花菊就像小白莲花，花瓣多层却没有花心，花头比较稀疏，极其潇洒散淡，清雅脱俗，一枝只开一朵花。其绿色的叶子也很纤巧。莲花菊因多层花瓣、颜色洁白如玉且一枝一花而得名，范氏菊谱中提到莲花菊无黄色花心，特别强调其"箫散清绝"的特点。

芙蓉菊，花朵完全绽放后就像小木芙蓉，开得特别艳丽繁盛的又像楼子芍药，不过很难培育，多数无法茂盛。在《广群芳谱》中记载了两种芙蓉菊，一种是红色芙蓉菊，一种是白色芙蓉菊。白色芙蓉菊的正名是"银芍菊"，初开时有点像金芍药，花色微黄，全开之后颜色变为莹白。

茉莉菊花瓣非常繁密茂盛，和茉莉花十分相似，连绿色的叶子都很像，又长又大，圆而洁净。但是在康熙《御定广群芳谱》中记载："花头巧小，淡淡黄色，一蕊只十五六瓣，或止二十片，一点绿心。其状似茉莉花，不类诸菊。叶即菊也。每枝条上抽出千余层小枝，枝皆簇簇有蕊。"由此可见这与本书中所载的白茉莉菊有所区别。

木香菊，多叶，略似御衣黄。初开浅鹅黄，久则淡白，花叶尖薄，盛开则微卷，芳气最烈，一名脑子菊①。

酴醾②菊，细叶稠叠，全似酴醾，比茉莉差小而圆。

艾叶菊，心小叶单，绿叶尖长似蓬艾③。

白麝香，似麝香黄，花差小，亦丰腴韵胜。

银杏菊，淡白，时有微红，花叶尖。绿叶，全似银杏叶。

白荔枝，与金铃同，但花白耳。

【注释】

①脑子菊：《广群芳谱》中载："脑子菊，花瓣微皱缩，如脑子状。"
②酴醾：花名。古书上指重酿的酒。以花颜色似之，故取以为名。
③蓬艾：蓬蒿和艾草。

【解读】

上述这几种菊花的名称都是与其他植物类比得来的，其中前三者在古籍中有记述，而后三者则无甚记载。

木香菊的得名一说是像木香花，康熙《御定广群芳谱》中载："木香菊，一名玉钱。大过小钱，白瓣，淡黄心，瓣有三四层，颇细，状如春架中木香花。"但是在《百菊集谱》中收录一首木香菊诗："秋花也与药名同，素彩鲜明晓径中。多少清芬通鼻观，何殊满架拆东风。"此诗明确指出木香菊的得名由药材"木香"而来。

酴醾菊原产自河南相州（今河南安阳），在农历九月开花，花色纯白，多层花瓣，花冠大小和酴醾花接近。酴醾菊的枝干纤细柔韧，姿态婀娜。在康熙《御定广群芳谱》中还记述了玉芙蓉，也被称为"酴醾菊"："玉芙蓉，一名酴醾菊，一名银芙蓉，初开微黄，后纯白。"这种酴醾菊应该与范谱记载的并非一种。

《菊石图》黄山寿

　　艾叶菊的得名应该是因为叶子比较像蓬蒿和艾草的叶子，根据范成大的记述，艾菊应该是白色花瓣，且单层稀疏。在《百菊集谱》中有一首关于艾叶菊的诗："一入陶篱如楚俗，重阳重午两关情。惜哉删后诗三百，菊奈无名艾有名。"重阳赏菊，端午插艾草，故而艾菊算是兼及两种文化概念于一身。

杂 色

波斯①菊，花头极大，一枝只一葩，喜倒垂下，久则微卷，如发之鬈②。

【注释】

①波斯：国名，即伊朗，我国历史上亦称其为"安息"。位于西南亚，南临波斯湾和阿曼湾。早在公元前 2 世纪就和我国有友好往来。
②鬈（quán）：头发卷曲。

【解读】

　　从波斯菊的名字就知道其原产于西亚的幼发拉底河流域，是经由丝绸之路引进中国的外来品种。范谱中所记载的波斯菊花头极大，一根枝干上只开一花，花朵倒垂开放。波斯菊最大的特点是花瓣微卷，就像西方人卷曲的头发一样，这也与"波斯菊"这个名字相互呼应。

　　在康熙《御定广群芳谱》中记载了两种波斯菊，一种是范氏所记载的波斯菊，花色淡黄，多层花瓣。另外一种波斯菊"白，千瓣，状同黄波斯"，是一种多层花瓣的波斯菊。

现代的大波斯菊原产于墨西哥，与本书所载的波斯菊并非一种，多为单瓣。关于大波斯菊，在南美洲还有一个传说。相传，大波斯菊公主是波斯菊国王的小女儿，巫婆算命说，她是个永远的孤独者。这是波斯菊王国里最强的诅咒，没有人能够破解这个诅咒。所以，波斯菊公主一个人住在公主城堡里面。每天日升月落，公主总是一个人，寂寞无时无刻不在侵蚀着她的心。在难熬的黑夜，她常常坐在花园里的秋千上独自哭泣。过了好久好久，一个来自远方的骑士路过公主的城堡，和波斯菊公主一见钟情。幸福的摩天轮降临，大波斯菊公主的诅咒被解开了。这个故事里没有王子，因为波斯菊公主受到的诅咒是王子破解不了的，只有勇敢的骑士才可以带给她幸福。

> 佛顶菊，亦名佛头菊，中黄，心极大，四傍白花一层绕之。初秋先开白色，渐沁①微红。

【注释】

①沁：渗入。

【解读】

佛顶菊，又称"佛头菊"，花朵中间为黄色，花心极大，四周环绕着一圈白色的花瓣。初秋时节，先开白色的花朵，而后慢慢变

成淡红色。

此前介绍迷罗黄和麝香黄时都与佛顶菊进行了对比。康熙《御定广群芳谱》记载："佛顶菊，一名琼盆菊，一名佛顶菊，一名大饼子。大过折二钱，或如折三钱，单层，初秋先开白瓣，渐沁微红，突起淡黄心。初如杨梅之肉蕾，后皆舒为筩子状，如蜂窠，末后突起甚高，又且最大，枝干坚粗，叶亦粗厚。一种每枝多直生，上只一花，少有旁出枝。一种每一枝头分为三四小枝，各一花。"为中提到的折二钱、折三钱都是当时流通的货币。

这里用货币来描绘花头的大小，花初开时为白色，渐渐浸润成淡红色。佛顶菊的得名源自它的花心形状。佛顶菊的花心生长过程可以分为三个阶段，起初如杨梅的内蕾；随后筩瓣舒展开来，像蜜蜂的蜂巢；最后筩瓣长得又长又大，像佛像头顶上的智慧髻一般，故曰"佛顶菊"。这种菊花有两种形态，一种是一枝一花，另外一种是一枝三花或四花。

《菊花图》吴昌硕（清）

桃花菊，多叶，至四五重，粉红色，浓淡在桃、杏、红梅之间。未霜即开，最为妍丽，中秋后便可赏。以其质如白之受采①，故附白花。

胭脂②菊，类桃花菊，深红浅紫，比胭脂色尤重，比年始有之。此品既出，桃花菊遂无颜色，盖奇品也，姑附白花之后。

【注释】

①采：同"彩"，彩色。
②胭脂：面脂和口脂的统称，是与妆粉配套的主要化妆品。也泛指鲜艳的红色。

【解读】

菊花并非仅黄白两色，秋天的菊花颜色绚丽多彩，十分美丽。

桃花菊因其颜色似桃花而得名，粉红的颜色在萧索的深秋中非常惹眼，可谓菊中的名品。《刘氏菊谱》中记载："粉红单叶，中有黄蕊。其色正类桃花，俗以此名，盖以言其色尔。"因粉红色菊花不

《瓶菊图》郎世宁（清）

落俗套，也备得文人墨客的青睐。南宋词人张孝祥有《鹧鸪天•咏桃花菊》一词："桃换肌肤菊换妆，只疑春色到重阳。偷将天上千年艳，染却人间九日黄。新艳冶，旧风光，东篱分付武陵香。尊前醉眼空相顾，错认陶潜是阮郎。"此诗贴切地描绘出桃花菊"菊骨桃容"的形态特征。被世人称作菊花神的陶渊明写过传世名作《桃花源记》，所以诗中"东篱分付武陵香"一句一语双关，作者朦胧醉眼中将陶渊明错认作阮籍。因陶潜有"采菊东篱下"，而阮籍有"东园桃与李"之句，借以表达桃花菊在秋季绽放，姿色胜桃，令人眼花缭乱。

胭脂菊与桃花菊类似，只是颜色比桃花菊的粉色还要浓重，呈现深红色或者浅紫色。文中"此品既出，桃花菊遂无颜色"表现出胭脂菊的与众不同，甚至把桃花菊远远抛在脑后。在菊花中，如此瑰丽的颜色可谓一枝独秀，艳压群菊。

紫菊，一名孩儿菊，花如紫茸①，丛茁②细碎，微有菊香，或云即泽兰③也。以其与菊同时，又常及重九，故附于菊。

【注释】

①紫茸：紫色的细茸花。

②茁：草木初生出来壮盛的样子。

③泽兰：菊科草本植物，锯形齿叶，上有绒毛，多生于沼泽和水边。

菊花纹青花瓷花盆（清）

【解读】

　　紫菊，又叫"孩儿菊"，花色有点像紫色细茸花，花气略香，有的人认为它就是泽兰。因为它与菊花基本同期开放，又常常赶在重阳时节，因此作者将其附在菊谱之中。

　　据南朝宋王韶之《神镜记》记载："荥阳郡西有灵源山，岩有紫菊。"这可以说明紫菊原产自河南荥阳西部的灵源山，为中国的特有植物。但是紫菊并不是菊花，赏菊者们也早就指出了二者的区别。史正志在《史氏菊谱》中说："孩儿菊，子萼白心，茸茸然，叶上有光，与它菊异。"紫菊长有紫色的花萼，细密丛生，加之叶片上有光泽，并不符合菊花的外形特征。

　　刘蒙《刘氏菊谱》中说："有孩儿菊者，粉红青萼，以形得名。尝访于好事，求于园圃，既未见之。而说者谓：'孩儿菊与桃花一种。'又云：'种花者，剪掐为之。'"大意是孩儿菊的粉红色花瓣、青色花萼像小孩子的脸，因此得名。但是孩儿菊的这些特征与紫菊相差甚远。因此未将孩儿菊列入菊谱之中。

后　序

　　菊有黄白二种，而以黄为正。洛人于牡丹独曰花而不名，好事者于菊亦但曰黄花，皆所以珍异之。故余谱先黄而后白。陶隐居①谓菊有二种，一种茎紫，气香味甘，叶嫩可食，花微小者为真菊；青茎细叶，作蒿艾气，味苦花大，名苦薏②，非真也。今吴下惟甘菊一种可食，花细碎，品不甚高，余味皆苦，白花尤甚，花亦大。隐居论药，既不以此为真，后复云白菊治风眩③。陈藏器④之说亦然，《灵宝方》⑤及《抱朴子》⑥丹法又悉用白菊，盖与前说相抵牾⑦。今详此惟甘菊一种可食，亦入药饵，余黄白二花虽不可饵，皆入药。而治头风则尚白者，此论坚定无疑，并着于后。

①陶隐居：南朝梁时著名道教学者、医药家陶弘景（452—536），字
　通明，因长期隐居自号"华阳隐居"，著有《本草经集注》。
②苦薏：别名野黄菊花、山菊花、甘菊花。
③风眩：病名。因风邪、风痰所致的眩晕。
④陈藏器（约687—757）：唐代人，编纂《本草拾遗》十卷。
⑤《灵宝方》：别名《灵宝经》，古代方术书。
⑥《抱朴子》：东晋道教名人葛洪所撰，总结了战国以来神仙家的
　理论，确立了道教神仙理论体系，并继承了魏伯阳的炼丹理论，
　集魏晋炼丹术之大成。
⑦抵牾（dǐ wǔ）：矛盾。

【解读】

　　作者在后序中讲到，菊花有黄色与白色两种，而以黄色为正宗。
在生长牡丹的洛阳，当地人对牡丹只称其为"花"，而不称其名；
同样的，爱菊的人对于菊花也只称"黄花"，这是因为珍爱而区别
对待。因此在这本《菊谱》中先述黄菊，后讲白菊。陶弘景曾说菊
有两种，一种茎干为紫色，气味香而味道甘甜，叶片鲜嫩，可以食
用，花朵较小，这是真菊花。而那些茎干青色，叶片细长，气味闻
起来像艾蒿，味道苦，花朵稍大的，名叫苦薏，并不是真菊花。苏
州地区只有甘菊一种可食用，花朵细碎，品位不高。其他品种的菊
花味道都是苦的，尤其以白菊花更明显，花朵也很大。

　　陶弘景提到菊花的药效时，就已经不把白菊当作真菊花了，
后来又说"白菊花能治风眩之症"。唐代陈藏器的说法也是如此。
《灵宝方》和《抱朴子》里面的炼丹之法，都要用到白菊，跟前面
说的有矛盾之处。仔细辨别之下，只有甘菊这一个品种既可食用也
可入药。其余的黄白菊花品种，不能食用，但都能入药，不过治疗
头痛风眩最好还是用白菊。作者对这一论点坚信不疑。

《菊丛飞蝶》朱绍宗（宋）

范成大在后序中再一次提到了给菊花定品的标准问题。从前文可知，古人给菊花定品主要看"色"、"香"、"态"三个方面。首先从"色"方面，黄色菊花居第一层次，因黄色为土应正色。其次是白色菊花，因白色得西方金气之应。再次是紫色菊花，古人认为紫菊是白菊衍生而来。这样，黄、白、紫、红就排定了次序。接下来就是"香"和"态"，古代并没有明确的区分标准。大致有色有香有态，那一定是菊花中的珍品。

现代园林中的大立菊